クロマトグラフィーの創始者

M.S.ツウェットの生涯と業績

岡山学院大学 工学博士 松下 至 著

恒星社厚生閣

巻頭写真1　M. S. ツウェット（1872年～1917年）（イタリア，スイス，ロシア，ポーランド）クロマトグラフィーのアイデアが浮かんだ頃，30歳，セントペテルブルグ時代

巻頭写真 2　1972 年の春にツウェットが生まれたホテル・レアル．何回か改築されている（2001 年著者撮影）

巻頭写真 3　両親が洗礼のために訪れたと思われる近くの町の修道院（2001 年著者撮影）

巻頭写真 4　ツウェットが生まれた町アスティーは中世に栄えた町で百塔の町といわれるように高い塔があちこちにそびえ立つ（2001 年著者撮影）

巻頭写真 5　ツウェットが高校時代に通ったジュネーブの技術学校，現在の建物は 3 度目の校舎，現在は移転（2001 年著者撮影）

巻頭写真 6　ツウェットが入学したジュネーブ大学の正面．植物園も附属している．ジュネーブ大学で博士号を取得している（2001 年著者撮影）

巻頭写真7　ジュネーブ大学植物園の附属図書館のあるボタニカルガーデン，ジュネーブ（2001年著者撮影）

巻頭写真8　植物園の中にある旧植物研究所．現在，保存されているが，使用されてはいない（2001年著者撮影）

巻頭写真9　植物園の旧図書館，現在も秘書室として利用されている（道をはさんで離れた所にひっそりとたたずんでいる）2001年著者撮影

巻頭写真 10　新図書館内のツウェットに関する書．ハガキ類を机に並べている所（2001 年著者撮影）．P. ペレット氏提供

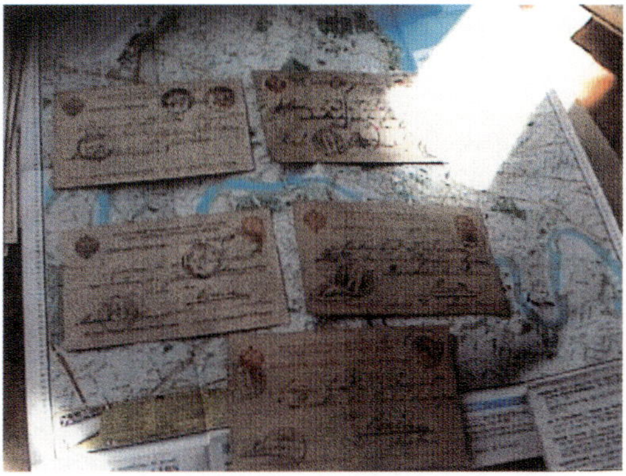

巻頭写真 11　図書館内のツウェット自筆のハガキ 5 枚．P. ペレット館長の厚意により撮影（著者，2001 年）

巻頭写真12　現在のワルシャワ大学の本部．この右奥にツウェット博士メモリアルの学舎が保存してある（2001 年著者撮影）

巻頭写真 13　ワルシャワ大学の中にある植物畑，ツウェットが利用していたといわれている（2001 年著者撮影）

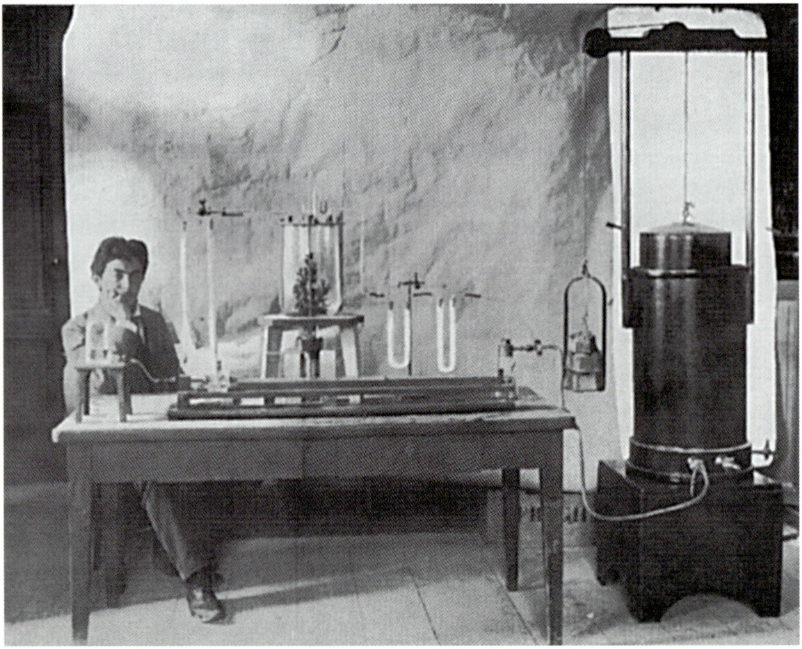

巻頭写真 14　ジュネーブ大学で植物学を専攻していた頃のツウェット，25～26 歳と思われる（P. ペレット氏の厚意による）

序　文

私がクロマトグラフィーに接したのは，奈良の田舎町で働くようになった30年前のことであった．

当時はまだ液体クロマトグラフィーは開発段階で，一般市場には普及していなかった．私が当初扱った装置も，ガスクロマトグラフィーであった．当初のガスクロマトグラフィーはかなり調子が悪かったようで，私の前任者が壊していて，研究室の隅でくすぶっていた．昔の職場は少し丁稚奉公的色彩が残っていて，現場での実施作業を数ヶ月行ってから本職場（私の場合は研究室）に配属されることになっていた．私の場合も職場は炎のように忙しく，現場監督にしかられながら毎日を送っていた．しかし幸運がやってきた．前任者がガスクロ装置を置き去りにしてくれたお陰で修理する必要が出来て，私は少し早く研究の仕事につけることになった．（実際は何ヶ月も早かったようである……何が幸いするか，この世は分からない）このガスクロ装置は私の存在価値を認めてくれるようなことになり，私は夜も昼もこの装置の分解掃除に費やした．幸いにも，その当時の営業マン（ガスクロ工業の方）も責任を感じていたこともあり，懸命に協力してくれた．実際は私よりもこの方のほうが活躍したと言っても過言ではない．自ら修理してみると，クロマトグラフィーのすばらしさが理解でき，クロマトグラフィーの有効活用に精を出す毎日となった．そんな頃，もっと有効な液体クロマトグラフィーが開発され，市販化されるというニュースが入ってきて，その装置導入を上司に進言したのが，つい先日のことのように思い出される．

その当時の上司も私の毎日の悪戦苦闘振りを見ていたようで，社長へ上申してくれて，購入することになった．その上司と装置を製作している茨城の日立製作所へ見に行くことになった．私たちの装置は八割方出来上がっていた．その装置をこの手で触ったときの感じは感無量であった（その当時，私たちの装置は製薬メーカーの次で2台目ということであった）．

そうこうしているうちに四国の食品会社の研究室で，クロマトを活用して栄養成分を分析する仕事に従事することになった．

その後，愛媛大学で液体クロマトを活用して，学位も得た．振り返ると液体クロマト漬けの 30 数年であったように思う．その間に，液体クロマトグラフィーのテクニックに関する書籍を 4 冊出版し，その 1 つは大変良く利用・活用されていると聞く．その中でツウェット博士のことを知り，興味を持ったのはここ 4～5 年前からである．きっかけはクロマトグラフィーの英書「75 years of chromatography a historical dialogue」の終盤（483 ページ）にエテレ（L. S. Ettre）が著したツウェット博士の小伝があった．その中にツウェット博士自身の写真があった．その写真が何となく私に似ているように思えた（自分の独りよがりかとも思っていた）．

研究仲間や友人にその写真を見せると“似てる，似てる”と言うのである．これが大きなきっかけとなって，毎夜のコーヒータイムはツウェットタイムとなってしまった．約 2 年間毎夜，ツウェット博士に関する勉学を進めた．論文，研究者，写真，その他なんでも調べた．おかげで分取クロマト研究会の講義用の小冊子が 3 冊も仕上がった．その途中でなけ無しのお金をはたいて，現在ツウェット博士の第 1 人者であるモスクワの石油化学研究所の教授である V. ベレツキンを訪れ，共同研究を行なったり，クロマトグラフィーの発見・研究場所であるワルシャワ大学を訪れ，ツウェット博士のメモリアルプレートをこの手で触れたりすることが出来た．その足でルブリン大学のソベツインスキー（E. Soczewinski）教授の所に行き，ツウェット博士の貴重な書を頂いたりした．

クロマトグラフィーを扱う楽しさはいくつかあるが，その中で物質を分離していくと，有用な成分がわかり，取り出すことが出来る，ということ．また有用でないと思われていた混合物でも分離して種々の効能について調べていけば，その成分の有効性が明らかになってくるということであった．これらのことに私は非常に興味が沸いた．というのは，適材適所の考え方を気に入っていて，このクロマト技法は分離することによって役立つかどうか，判定できるのである，すなわち，有用でないと思われているものの中でも分画することによって，価値が見つけられることがあるのである．

現在，わが国では研究員がクロマトグラフィーを有効活用して，研究成果を上げてきている．しかし，クロマトグラフィーの発見・発明の歴史やその背景については理解しようとしていない．あまりに成果中心になり過ぎている．日本人は人マネはうまいが独創性がないとよく言われているが，その原因は深い洞察力の欠如ではないだろうか！やはりその装置の原理，理論，歴史的発見，発明（科学史）を理解する事が独創性を生むためには必要なことであると私は信じている．

このような理由で，ツウェット博士のすばらしさやクロマトグラフィーのすばらしさを，日本の若き研究者達に知ってもらいたいという一途な気持ちから本書を出版する決意を固めた．（ツウェット博士の写真の面影が私に少し似ていたというのが大きな動機になったのも事実であるが）．

本書をしたためていく過程で，ツウェット博士のアイデアのすばらしさ，その当時の研究の難しさ等多々興味津々のことがあり，わりと楽しく仕上げることが出来た．もちろん，外国語の文献等，私の研究仲間や友人の大いなる援助がなくては，本書は仕上がることはなかった．それと私が訪れた海外のツウェット研究者の方々の温かい援助なくしては，この書を仕上げることは難しかったと感じている．

この書の目的と有効活用について記してみたい．

本書の目的は，上述にも記したが，ツウェット博士の分離分析法に関するアイデアのすばらしさを研究者や理化学に興味を持っている方々に伝えることである．

同時にクロマトグラフィーの科学史として現在，研究に有効にクロマトグラフィーを利用している技術者，研究者の啓蒙の書となること，また今後技術者，研究者として活躍をしていこうとしている学生達の啓蒙書として有効利用していただきたい．そして，本書の抜粋書が高校課程の副読本の 1 つになることを望んで著者の序文としたい．

“Tout Progres scientific est un Progres de methode”　----------R. Descartes
“すべての科学の進歩は方法の進歩である”　デカルト
（M. S. Twett 著 Khromefilly V. Rastitel' nomi Zhirotnom Mire－1910 年より）

瀬戸内海の小島（祝島）にて　H14. 3. 14　記　　　　著者

クロマトグラフィーの創始者　M. S. ツウェットの生涯と業績　目次

第1章
M. S. ツウェット博士の紹介と研究の価値

(1) 革新的分離手法―クロマトグラフィー

「化学，生物，バイオケミストリーの分野にこれほど多大な貢献をした研究者はいないのではないか！」と言われているクロマトグラフィーの創始者，ツウェット（M. S. Tswett）博士は，1872 年の春，イタリアの小さな古都で生まれた.

その古都はアスティーという町で，ツウェット博士はアルフレッド広場通りに面したホテル・リアルで生まれたのである.

最近になって，ロシアの学者，サコディンスキー（K. Sakodynskii）教授によってホテル・リアルの中の，M. S. ツウェットが生まれた部屋の番号 14 まで分かってきている.

クロマトグラフィーの創始者，ツウェット博士は私のように分取クロマトグラフを専門に研究している研究者にとっては，憧れ（神様のような）の存在である.

そういうわけで私も時間を作り，ツウェット博士の生涯とその研究を世界各国の文献，書籍を熟読して全体像を把握しようと試みた．まだまだ不十分であるが，ツウェット博士の真髄に少しずつ迫ってきたように思う．博士に関する文献，書籍を探し求めるにつれ，世界各国の研究者が種々のアプローチで，たくさんの考察・評論・論文を出していることが分かった．ツウェット博士が生まれて 1 世紀が過ぎようとしている中で，博士に関する研究が世界の学者によって数多く行われていることを知り，今更ながら博士の自然科学への貢献がいかに大きかったかを知らされた．現在でも種々のアプローチで，ツウェット博士の研究内容と境遇について評論がなされていて，今後も絶えることはないと思う．その中で，わが国，日本における博士に関する書籍はほとんどなく，私がツウェット博士に関する書物，文献を取り揃えて調べてきたので，日本の研究者の人達に，その内容と私の考えをも含めたものを書き上げて紹介することは，意義あることだと考えた．

現在のわが国の研究機関において，日本の研究者ほど巧みにクロマトグラフィーを駆使して成果を上げている人達はいないと思う．ちなみに日本の科学界には昭和 23 年 9 月 20 日（1948 年），『化学の領域―第 3 巻第 I 号』に「クロマトグラフ吸着分析法の創始者，Michle. ツウェットの生涯とその業績」という題で，初めて M. ツウェット博士が登場したのである．登場させたのは，東京大学理学部植物学教室の下郡山正己教授であった．内容はスイスの学者，C. デーレーの“ツウェット博士に関すること”の翻訳が 90％を超している．下郡山教授は，原文に忠実に訳している．デーレー（C. Dhere）が書いている雑誌は，ジュネーブ大学の植物園の機関誌『CANDOLLA』であった．終戦直後にようやく外国の雑誌がわが国に入り始めた頃の雑誌であろう．

下郡山教授の訳文は分かり易く，わが国の文献としては有用なものであるが，おしむらくば，もう少し教授自身の考察が多ければなお良いと感じた．しかしこの訳文の中には，ツウェット博士が最初に考案したとされるクロマトグラフィーの装置が貴重にも載せられているのである．かつまた，ツウェット博士の業績を賞賛して，次のように記している．

「植物学者ツウェットが 1903 年から 1910 年にわたって行った吸着についての発見が今日化学の領域でどんな地位をしめているか，これは，改めていう必要もないことである．それで，彼の功績を彼の方法を存分に使って大きな研究を成し遂げた幾人かのノーベル賞化学賞受領者の賛辞を記してみよう……」

日本では博士に関する書はほとんどなく*1，上述の教授によるものがあるくらいであるが，諸外国を見渡すと日本とは比較にならないほど多いのである．そこで，その研究者達の論評について，ここで紹介することにする．

M. S. ツウェットの最初の評論は，何といっても上述のスイスの学者，C. デーレーによるもので，博士の生い立ち，研究した場所を中心に描いている．1943 年に書かれたものである．

その後，すぐにハンガリーのクロマトグラフィーの学者，ゼッチェマイスター（L. Zechemeister）が，M. S. ツウェットの研究業績を自らの本の序文に載せようとしたが，十分に集めることは出来なかった．その後，ゼッチェマイスターはもう少し詳しく調べて，1946 年にモスクワの論文誌 Sbornik『Khromatografiya』の中で M. S. ツウェットのことを記している．また，1980 年に「ある物質が化学的に単一であるか否か？　あるいは非常に近い数種以上の成分からなっているかどうかを決める方法は，ツウェットのクロマトグラフィーしかないのだ」と自らの著作『カロチノイド』の中で，ゼッチェマイスターはツウェットのクロマトグラフィーを絶賛しているのである．

その後ロシアのクロマトグラフィーの学者，サコディンスキー（K. Sakodynskii）教授によって，博士の生い立ち，生涯，研究業績について『Jounal of Chromatography』に論文として発表された．最初は 1970 年の博士の生涯という感じで書かれていた．次の 1972 年にサコディンスキー教授は，余程ツウェットを気に入ったとみえて，同じく『Jounal of Chromatography』に「The Life and Scientific Works of Michal Tswett」という論文を発表し，その中で教授自らアスティーの町を訪れ写真撮影した町並み，そしてツウェットが生まれたホテル・リアル，更には彼が生まれたと言われているベッドまでをも掲載している*2.

その後サコディンスキー教授は，「M. S. Tswett の一生と研究に関する新しいデータ」を 1981 年に追加して出している．その内容は，クロマトグラフィーの創始者 M. S. ツウェットから，75 周年記念式とそのシンポジウムの考察となっている．次に，同じロシアの学者，センチェンコバ（E. M. Senchenkova）が「Michali S. Tsvet」を 1973 年に出版しているが，私の手元に現在入っていないので詳細は不明である．

それから忘れてならないのは，ロビンソン（T. Robinson）の論評であろう．

ロビンソンはこの稀にみる科学者ツウェットの功績を誰よりも積極的に認めて，数多くの名文を残している．ロビンソンの詳しい文献が揃い次第紹介したい．また，それに匹敵する名文として，クロマトグラフィーを活用してノーベル賞（1937 年）を受賞した，カーラー（Paul. Karrer）博士の言葉を紹介する．

> No other discovery has exerted as great an influence and widended the field of investigation of the organic Chemist as much as Tsweet's Chromatographic adsorption analysis.

このスピーチは 1947 年の「Pure and Applied Chemistry」の国際組織会議での総会講演でカーラー（Paul. Karrer）が行ったもので，次の要旨になる．

「他のどんな発見も，M. S. ツウェットのクロマトグラフィック吸着分析ほどバイオケミストリーの研究分野を拡げ，大きく影響を与えたものはないであろう」

カーラーが予言，あるいは大いに認めたことが正しかったということが，いくつかの事実によって証明されている．

なお，つけ加えて，バイオケミストリーだけではなく，次のような科学研究にも利用・活用されたのである．

1943 年，米国では原子爆弾製造計画がもち上がり，開発研究者達は何かと実施したがうまくいかなかった．その時に，イオン交換クロマトグラフィーという技術を活用して，この難問題を解決したのである．このような開発がスムーズに進んだことで，大きな不幸ももたらされた．アメリカによって与えられた広島への原爆投下は，戦争のいざこざの理由で何とか説明できるとしても，広島の悲惨さを知った上での 2 日後の長崎投下は，アメリカの横暴，醜さを示す結果となり，世界の国々に非難され続けたようなことになった（オランダのハーグにある国際司法裁判所より戦争犯罪ではないか？　と討議されている現状がある）．この申請書を提出したのはアメリカの良心的な科学者達であった．

原爆とクロマトグラフィーとの詳細については「クロマトグラフィーにおける一里塚一分取液体クロマトグラフィーとマンハッタン計画」というエテレ（S. Ettre）の論文を繙くとよく分かる．この論文は私の専門である分取クロマトグラフィー（物質を取り出す）だったので，非常に興味津々に，読みふけった．

このようにクロマトグラフィーの活躍は広範囲に及び，現在では環境ホルモンの微量分析手法として活躍しているところである．またクロマトグラフィーの大活躍にダイオキシンの微量測定に関することがある．ダイオキシンの発見はオランダの学者によって行われ，ドイツの学者によって，合成された．微量分析に著しく貢献したのは四国の愛媛大学の研究グループであった．この微量分析にガスクロマトグラフィーを活用したのである．

Note

＊1）日本の化学史の大家である山岡望先生（六高の教授）が内田老鶴圃より科学史の書籍を 10 冊以上出版している．その大著の中にもツウェット博士に関する記述はなく，著者は摩訶不思議に思っていた．その著作では世界的な学者はほとんど網羅されていたにもかかわらず．また，1971 年にアメリカで出版された『化学と人間の歴史』H. M. レスター著の中にもツウェット博士に関する記述はない．

＊2）ホテル・リアルの部屋の中のツウェットが生まれたベッドまで掲載しているけれども，100 年近く前のベッドなので，本当にそうなのかは疑わしい感じもするが，サコディンスキー教授は，ツウェットが生まれたベッドだと信じて論文に載せている．

（2）M. S. ツウェット博士の生い立ち

ここからはM. S. ツウェット博士の生い立ちから順次解説，考察も交えて紹介していくことにする．

既に記したように，M. S. ツウェットは 1872 年の 5 月14 日にイタリアの小さな町，アスティーで生まれた．彼の母親はイタリア系の女性で，その名をマリア・ドローザ（Maria Dorozza）という．父親はロシアで外国との貿易に関する仕事をしている官吏的な地位にあった．彼はわりと上位の職位に属していたようである．その名をセメン・ツウェット（Semen. Tswett）という．彼はロシアの今のウクライナ地方で 1828 年に生まれているので，ツウェットは父親が 44 才の時に出来た子供なのである．父親は誠実に活力的に職務を遂行していたので，わりと早く上位の職につけたと考えられている．また，彼の性格はよく外国に出かけていたこともあって，視野の広い考え方をしており，なおかつ，わりと革新的であった．その上に彼の考え方は今でいうリベラリスト（自由意志の人）であった．その当時のロシアのタルツ（Tartu）大学でフィロソフィーを学び卒業しているので，上述の性格や考え方も理解出来る．彼は1848～1851年の4年間その当時のインペリアル大学で学んでいる．

彼の母，マリア・ドローサは1846年トルコのある地方で生まれている．

この母，マリア・ドローサの写真を見つけ出したのも，サコディンスキーである．サコディンスキーの論文の写真（J. Chromatogh. 73. 1972年，309ページ）を見ると，斜め横に写っていて，私の目には東欧とイタリア系の感じを合わせ持っているように見える．横顔をじっくり見ると，鼻の形や顎の形などが彼に似ている感じがするので，確かにツウェットの母親である．父セメン・ツウェットと母マリア・ドローサは1870年に結婚している．

ツウェット博士の卓越した創造力はこの両親のかけ離れた血筋の融合も影響しているように思われる．

ツウェットは子供の頃にスイスのあちらこちらで過ごしており，その頃はオーソドックスなキリストの教会に属している．彼は子供の頃の早い時期に母親を亡くしている．その後，父親は結婚して5人の子供を持った．ツウェット博士はローザンヌ市のカレッジ，ガリアードで学んでいる．その後，ジュネーブ

図1-1　ツウェットの生涯において，重要であった1914年当時の都市．現在では国境も様変わりしている．

に移りカレッジセント・アントニーで学んでいる．この高学年の時期はツウェット博士にとって，はつらつとした良い学校生活であった．

理化学にとても興味を示した時期で，当時の友人の一人，クラペレーデ（E. Claparede）とはその後も交友関係が続き，博士が後年ロシアで教授として働いていた時にジュネーブに帰った際はしばしば，クラペレーデの家に泊まっている．

もう1人の友，デュトイ（H. Dutoy）は，後にローザンヌ大学の化学の教授となった．デュトイも後年になって，ツウェットと共に送ったジュネーブの高等学校時代は誠に楽しいものだと語っている．ちなみにツウェットのジュネーブの高等学校時代の学業成績は地理，歴史が3，国語5，物理が5.5，化学6であったことが，サコディンスキーの論文，「New dater of M. STswett, 1981」に記されている．

(3) ジュネーブ大学での研究

その後1891年にツウェット博士はジュネーブ大学の自然科学科に入学している．やはりジュネーブの高校の時には興味を持っていた科学系を選んだもので，それなりの優秀な成績だったようである．

ジュネーブ大学に入った頃の彼は植物学，化学，物理に興味を抱いていた．そして1891年から1896年までの間，ツウェットはジュネーブ大学理学部の学生であった．そこで彼が主に聴講したのは植物学のショダット（R. Shodat），化学のガイ（P. Guy）の講義であった．そして，最初の科学的研究はショダットの指示で植物学教室で行ったものであった．ツウェットが研究した場所はほとんどこの植物学の研究室であった．その成果が1894年のH. デービー賞に輝いた．この論文は出版社カールボクトによって出版されている．この時の審査員は，キャンドレ（C. Canndole）およびショダットとシェリー（M. Sherry）であった．

ショダットは主任教授であったので，ツウェットの日々の研究態度に好感をもっていたのであろう．研究そのものは，上述のようにツウェットの才能が少しずつ発揮されて順調であった．ところが学内の人事で妙なことが起こった．

というのは動物学の教授の職位にヤング（E. Yang）が任命されたことによる不愉快な事件のために，ツウェットは1895年にショダットの研究室を去って，一般植物学のシュリー教授のもとに移った.

ツウェットは後年，クロマトグラフィーの原理は「いかがわしい」と言われた時，勇気をもって時間をおかず反論の論文を提出したことを考えると，上述の学内の職位の人事に対して，勇敢に正論を述べたことは想像に難くない．ツウェットの身の上にこのようなことが起こり，植物学のシュリーの所に移ったものと考えられる．ここでツウェットは細胞学の研究をはじめ，その研究成果を 1896 年に学位論文として提出し，ジュネーブ大学より博士の学位を得ている.

その論文の題は「細胞生理の研究・原形質流動と原形質膜および葉緑体について」であった．最初の博士論文はクロマトグラフィーではなく，細胞学を中心としたものであった.

もう少しツウェットの行った実験・研究を繙けば，次のようになろう.

彼はクロロフィルの性質に興味をもち実験を続けている．それから光合成，植物生長の研究も行っていた．植物学者として認められ，その論文に関して大学より賞を得ている．博士論文が認められ落ち着こうとした頃に父から，「ロシアのタウリアで新しい地位での仕事が待っている．一緒に行こう」という話がもちかけられた．ツウェット博士はどうしようかと思ったが，小さい頃からの自分の「郷土」であったので，父と共に行くことにした．この決心はツウェット自身，深く考え込んだ様子はなく，あっさりと決めた感がある．私はこの決心がツウェットの生涯で大きな大きな十字路であったと確信する.

私の今までのツウェット博士に関する研究においては，このロシア行きからの苦難は相当に厳しいものであったからだ！

このロシア行きは，どうも父とツウェット博士の 2 人だけで決めたようである．サコディンスキー教授が調べた研究書（1972 年刊）には冬の頃とは書いているけれども，ツウェット博士にとっては北への厳しい道だったのである.

(4) ロシアでの厳しい環境の中で

ロシアでの最初の訪問地はクリミアのシンポフォールであった．そこのオデッサ大学の植物園とコンタクトをとっていて，そこの研究員として働こうとツウェット博士は考えていた．しかし，不運にも彼は，このオデッサ大学の職を得ることが出来なかった．

そこで1896年の12月，彼はセントペテルブルグに出かけた．そこには有名な科学者，ボロディン（I. P. Borodin）がいて彼と逢う約束をしてくれた．その上，アカデミーの物理研究所の職を約束してくれていたのだ．しかし，その環境（職位，収入）はとても良いとはいえなかった．このようなことばかりでツウェット博士にとっての最初のマザーランド・ロシアは厳しいものだった．その上，何ということか，ツウェット博士のジュネーブ大学の学位（博士）をロシア科学界は認めようとはしなかったのだ．だがしかし，ここでツウェット博士は，ロシアの修士（マスター）を受け，そして再度，博士号（ドクター）を得ようと活動を開始するのである．

この時の苦しく厳しい状況をジュネーブにいる友人のブリケット（P. Briquet）に「人生は苦しいものであり，ロシアでの一般的な地位につくことも難しい……」と若い科学者ツウェットは嘆いている．

また，1896年の12月30日付の便りでは，

「もう6ヶ月以上もロシアにいるのに，残念ながらロシアの鼓動のような良い感覚を，自分自身で感じたことがないのです．色んな町を過ぎて，私は興味のあるものを探しにモスクワに来ています．しかし，私の心を打つような良いことは何もないのです．私は私の祖国に幻滅しています．そう，ここでは，圧迫されて，飛躍を熱望している人間を意気消沈させるのです．こんなことをしていたら，私達の科学の発展が非常に遅くなり，非常に遅れるでしょう」

そして1897年5月30日の便りでは，

「まだ結果は出ていません．私は官僚からの受領書や決定をまだ待っている状態なのです．私の論文が出来たら修士号の試験を受けるつもりです．しかし，たぶん今年の内には無理でしょう．修士号（学位）を得たなら，私は講義をもつ助教授になりたいと考えています．あなたも理解しているように，見通しは

暗いです．私は他の国にいるよりも祖国の方が不運なのですよ」と．

このようにツウェット博士はロシアで苦しい時期を過ごしたのであるが，その半年後には状況は少しずつ改善された．K. サコディンスキー氏の言によれば，この間ツウェット博士は外国の科学雑誌をかなり読んでいたようである．ロシアの苦しい時期であったが，その反面，外国論文などを熟読出来る時期を多く持てたように思う．

後年にツウェットはこの時期を振り返って，良い研究状態ではなかったとはっきりと表現している（C. ボエニー（Boehni）の書簡を読むと，この関係の事が詳しく書いてある．“Letter of M. Tswett to J. Bniquet”）．ロシアの改革も起こり始め，若いツウェットを取り巻く環境も正常な状態になってきて，レスガフト（F. Lesgaft）教授が新しく設立した生物化学の研究所で研究を始めた．この同時期に，彼は植物学を女学生に実験を通して教えている．このような状況になり，彼はわりと高い職位に属し，ほとんどの物事が順調に運び，仲間達からも信頼を受けていた．そして彼は，有名なロシアの植物学者達，特に，アカデミー会員のファミツイン（A. Famintsyn）等ととても親しくなってきた．そして彼は，ファミツインの植物部で修士論文になる研究を始めた．1898 年，ブリケットがドイツのポジションを彼に申し出たが，ツウェットは断っている．

その内容は「あなたの申し出に感謝しています．この申し出が一年前だったら，明らかに受け入れたと思います．しかしながら，私は今，現在の仕事，職位を気に入っています．もう少しここに居たいと考えています．一方では，私は私の全ての興味のための独立心を持っているので，あえて変わろうとは思わないのです．それは大変難しい事ではありましょうが」．

1900 年になって，ツウェットは多くの優秀な研究者達の推薦によって，セントペテルブルグ協会の会員になった．1901 年には，彼は修士論文を仕上げた．その論文名はクロロフィルに関するもので，実験と研究の成果をまとめたものであった．原題は次の通りである．

Physico chemical structure of the Chlorophyl II Grain, Experimental and Critical Study　　（ロシア語の英文）

この彼の論文が仕上がるほんの少し前に，彼の父親は亡くなった．そのため彼はこの論文のファーストページに，父親の事を記している．

In Memory of my father, S. N. Tswett a thinker and public man.
お父さんのことを記す．S. N. ツウェットは思慮深い人で，公的な人だった，

というような意になろうか．

1901 年 9 月 23 日にこの修士論文はカザン大学のホールで彼によって説明され，修士の学位の試験に合格したのである．この大事な試験に際しても，彼は父親のことを残念がっている．この事を思うと，ツウェットは心から父親のことを尊敬していたようである．というのは，彼がジュネーブ大学で博士の学位を得た直後に，父親の誘いを快く受け入れて，彼にとっては苦しい道の扉となったマザーランド・ロシアに二人で旅立ったことからでもよく分かる．

(5) クロマトグラフィー発見の土台

ところで，この修士論文の発表とその内容はセンセーションとなり，ツウェットは大きな成功を感ずることが出来た．そして巧みな説明と，本当に誠実な解説によって，彼の主張する研究内容は受け入れられ，この新しい複雑な現象を広めることが出来た．彼の修士論文の題目は，「クロロプラスツ，クロログロブインとクロロフィル」である．この内容を少し詳しくみると，ツウェットの生物・物理科学的な素養が十分感じられるもので，彼の鋭い考察と共に，物質の抽出に関する今までとは違った技法のアイデアが垣間見られる．そして彼は，ここで初めて吸着の問題にも触れている．その文節の一部は，

I could vividly see differently coloured rings when filtering petroleum Ither extracs of leave through Swedehish paper.　　(独文の英訳)
私は劇的にも，葉の油性エチル抽出液がスウェーデン製濾紙を通過する時に，異なる色の輪を成すことを見つけ出したのです…という意になろうか．

私はこの英文を読んだ時に，ツウェット博士のクロマトグラフィーに関する

ことで，私が以前から疑いを持っていたことが，目から鱗が落ちるように晴れたのである．その疑いというのは，実は1897年にアメリカのデイ（D. T. Day）は（ツウェット博士のクロマトグラフィーよりも6年前）原油の精製法に吸着剤を利用して，非常にうまくいったというテクニックの論文を発表していた．私はそれを読んで知っていたので，もしかしたらツウェット博士はこの古い文献を読んでいて，その最初の発案のデイのものを参考にしたのでは？　と私は少しだけ疑いを持っていたのであるが，上述の英文，「Vividly See」は，その時のツウェット博士の感動を示したものであり，私の疑いは解けたのである．このような疑いを持ったのは私だけではなく，世界の学者達の中にもいた．

その人達はエール大学のL. S. エテレを中心とした学者で，論文「初期の石油化学者とクロマトグラフィーの始まり」を発表して，明確に，「デイらの研究はクロマトグラフィーのフロンティア的なものでなく，明らかにクロマトグラフィーの創始者とは言えない」と結論を出している（1995年のアメリカの論文誌，クロマトグラフィア）．

デイらの石油化学者が行ったのは，砂の吸着現象を利用しただけで，クロマトグラフィーのように順次分離していく技法ではなかったのである．故に，真のクロマトグラフィーの創始者はツウェット博士と言えるのである．

ともあれ，この時期になって，やっとロシアでの学究生活は軌道に乗って，順調に進み始めた．若い研究者，ツウェットがAdsorption（吸着）にとても興味を抱いた時期とも重なっている．いわゆるこの吸着現象に興味を持って，深く研究を進めていった．その結果がクロマトグラフィーの発見・発明の機になったのは事実であろう．実際に後年になって，ツウェット自身が「クロマトグラフィーの発明は，1901年のロシア時代の研究によるところが大きい」と述べている．

(6) カザンの町からワルシャワへ

この修士論文の後，ツウェットは，モスクワより南東700 kmの町，カザンの大学，研究所で働いていたが，その地位はまだ危うく，あまり将来性のあるものではなかった．そこで1902年12月には，現在のポーランドの首都ワルシャワに移ったのである．ワルシャワでツウェットは，初めて非常勤の講師となった．その研究所は植物学を中心とした部門であり，すぐ後にツウェットは講義を任されるようになり，私講師になっている．ツウェットの最初の講義は1903年の5月21日であった．教壇に立つまでの長い苦節に彼はここで，終止符を打つことが出来た*1．ちなみに，講義したのは女学生達に対してであった．

ツウェット博士は，講義する事にかなり価値を感じていて，後年にも lecture（講義）をする事に関する便りが多く残されている．このポーランドのワルシャワにツウェットは14年間もいたのである．M. S. ツウェットは1872～1919年の47年間しか生きておらず，研究年月は30年足らずであろう．だから14年間は約半分の研究タイムになるのである．それほどまでにワルシャワ時代はツウェットにとって良かったのであろうか！　実はツウェット博士にとっての生涯の中で，一番幸せな時期であった．

その理由の一番手に挙げられるのは，聡明な女性，ヘレナ（Helena. A. Trusiewictz）に巡り会い，何と，その女性と1907年に結婚出来た事である．ヘレナはワルシャワ大学の図書館に勤めていて，ツウェット博士と結婚した時は32歳であった．彼女の数枚の写真を見ると，確かに聡明で理知的である（写真はツウェットの姪が持っていたもの）．後年になって，ツウェット博士の優秀さを認めさせるために，彼女がロシア政府（教育省）にあてた便りが発見された．その内容の充実ぶりからも，彼女は理知的人物であることが計り知れるのである．その内容は涙ぐましいほどに夫の優秀さを訴えているもので，その一部を載せる．

> "At the same time, My husband is a very gentle……．（ロシア語の英訳）
> ～と同時に私の夫は大変紳士であり……ロシア語の英訳

彼女の父親は中等学校の先生をしていたようで，結婚式も実にオーソドックスなロシア教会で，9月16日に挙げている．二人は残念ながら子宝には恵まれなかったが，この結婚生活は誠に幸せなものであった．二人の家庭生活について，友人への便りの中で彼女は「時々　二人でピアノを弾く」と書いている．二人の会話はメインがフランス語で少しのロシア語，ドイツ語であった．

2 つ目の幸せな生活の要因になったのは，ワルシャワのポリテクニック大学の教授に近い職位になったこと，そして，彼が興味をもっていた吸着現象の研究に力を入れることの出来た時期であった上に彼の論文がかなりセンセーションになり，その当時の科学界に反響していたことによるものであろう．

3 つ目は植物学と光合成の研究と吸着現象の実験，続けて吸着現象の活用の有望性，将来性について確信が持てたことによる．その証拠に，1906 年の論文の中で，ツウェット自身が自らの実験法をクロマトグラフィーと名付けているのである．その独文を載せる．

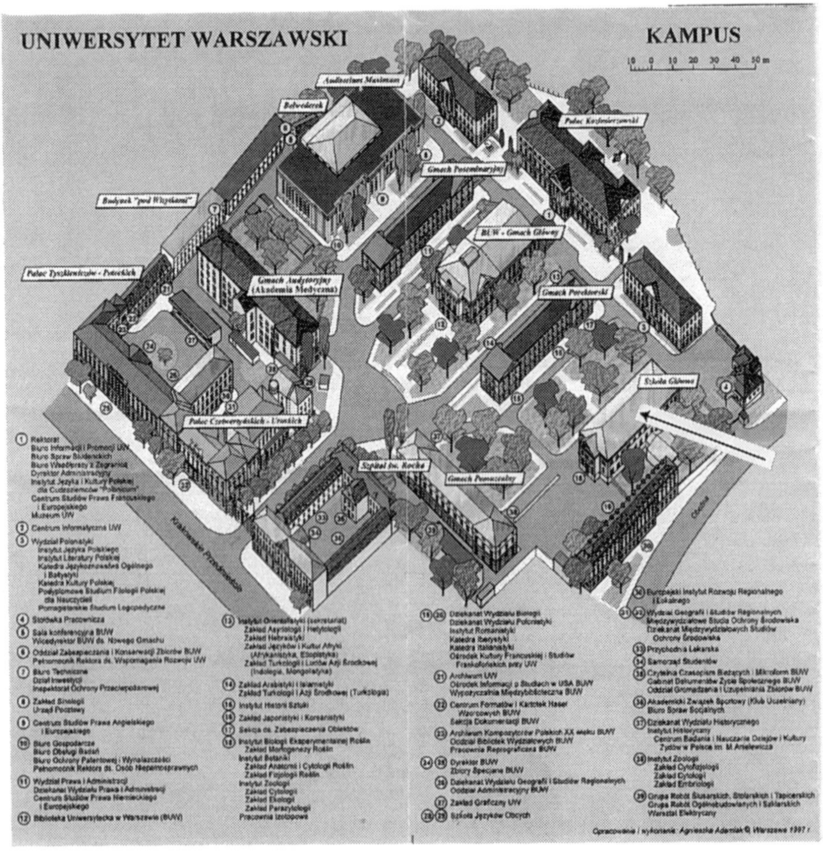

図 1-2　ワルシャワ大学内のキャンパウス，2002 年現在⑱（→）がツウェット先生が教えた学舎．

Ein solches Praparat nenne ich ein Chromatogramn und die entsprechende Methode, die chromatographishe Methode.

このプレパラートを，クロマトグラムと名付けて，この実験手法をクロマトグラフィー*2 とここに提案する…という意になろう．

ロシアのセント・ペテルブルグ時代からクロロフィルの研究に精を出していた彼は，このワルシャワの幸せな時代に巧みな方法で解決してしまったのだ．その方法はクロマトグラフィーであった．

すなわち，このクロロフィルは種々の混合物の集まりであって，分離する事が非常に難しかった．ツウェットはクロロフィルは絶対に単一成分ではないと考えて，クロマトグラフィーを用いて，シンプルな方法で分離したのである．この成果は素晴らしいものであったが，彼と同時代の研究者達にはほとんど意識してもらえず，どちらかと言えばそんなにうまくいくはずはないと彼らは冷ややかであったのである．

彼の実験をシンプルに説明すると，チョークを用いてその先端に葉の抽出液（クロロフィルを含んでいる石油エーテル）を染み込ませて，そのチョークの

図1-3　ワルシャワ大学通りにあるコペルニクスの像（著者撮影）

中を抽出液が染み込んで流れる間に分離するというものであった．このような簡単なことで分離出来るはずはない！　と，彼の同時代の研究者は思ったのである．しかし，この分離実験の成功が，後の新しいカテゴリーになるクロマトグラフィーの発明につながったのである．

反対者たちは，ツウェットの新しい創造性についていけなかったし，彼ら自身の頭の中では理解出来ないことであった，頭の中は霧が張っていて確かなものが見えない状況になっていたのである．人間誰しも，自分で理解出来ないことには否定的にならざるを得ないのであろう．

それで，ツウェットは 1903 年 5 月，ワルシャワ大学の自然科学の生物セクションにて，彼の発見した事を報告した．その発表原稿は整理されて，その後ツウェットとイバンノフスキー（D. Ivanovskii），モルコビィン（I. Morkovin）は親しく，その研究成果に関してお互いに意見を述べ合った．セント・ペテルブルグ，カザンから進んできた若い植物学者の研究は，スピーディーに肝心なことを突き止め，新しいカテゴリーであるクロマトグラフィー分析を駆使して，わりと短期間に混合物の分離に成功したのである．

——— *Note* ———

＊1）その当時のロシア（ポーランドを内在）に広い地域に大学は 9 つしかなかった．だから大学の職を得ることは大そう難しいことであった．結局，ロシア地域では大学の職がなく，ワルシャワ大学に職を見つけるということになった．

＊2）クロマトグラフィー命名について，1968 年（ツウェット死後 50 年後）にパーネル（H. Purnell，当時はオックスフォード大学教授）が，次のように考察している．

「Twett は古いロシア語起源によると色彩の意がある．ツウェットは静かなユーモアセンスの持ち主でそのことをもじったのであろう」

GAS. CHROMATOGRAPHY　1968　1ページ，J. Willy & Sons Pub より

コーヒータイム

ツウェット夫人　エレナ．A．トルセヴィッチ

ツウェット夫人エレナはツウェット先生の姪の言によれば，その当時，チェコスロバキア東方の町シュドレスにて，学校の先生をしていた両親の娘として生まれた．トルセビィッチという名はトルコ，ロシア系のもので，チェコスロバキア地方にはないものであったが，後年，学者が公的な事務所で調べたところ，間違いなく，彼女の母親はチェコスロバキア語を話し，チェコ東方地方で娘を育てていたことが記してある．母親の名前はマリア．トラボノアといった．名の由来は父親の方にルーツがあるようで，トルコ，

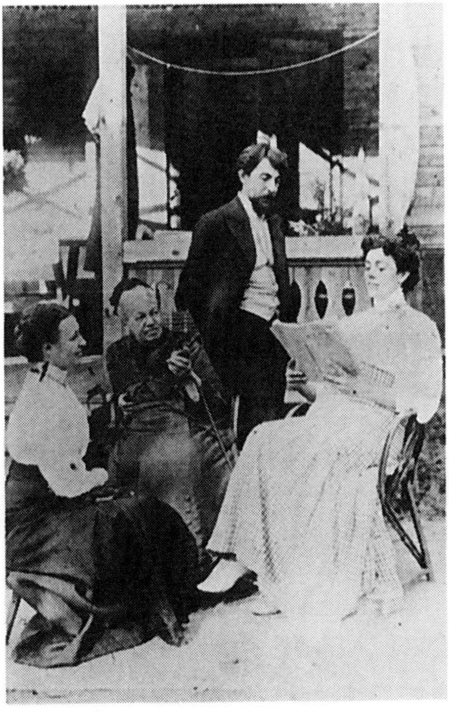

エレナ婦人（右）とツウェット博士（中央）

ルーマニア，ロシア系の血を持っていることがうかがえる（現在この地方はいろんな民族の人が交じり合っていて，民族紛争が多く発生する地域である）．ツウェット博士とエレナ. A. トルセビィッチが，どこでどのような感じで知り合ったかは，知る由もないが，彼らは愛し合って 1907 年の 9 月 16 日に結婚している．エレナの兄アレクセイ. A. トルセビィッチは物理学者で 1899 年からワルシャワ大学で数理学の講義をしていた．このことを考えるとツウェット博士とエレナとの接触，お付き合いは，この兄との関係が大きく影響したものと考えるのが普通であろう．1902 年と 1903 年にツウェット博士と彼（兄）はドイツへの旅（学会も含めて）に同行している．この同行の旅などを考えると，2 人はかなり仲が良かったと考えられる．エレナはワルシャワ大学の図書館でロシア語，ポーランド語，チェコ語，ドイツ語を有用に用いて働いていた．

結婚の 1 年後に，2 人はベルリンの学会の後に，ツウェット博士のふる里スイスへ行き母（次母）とその子供にあっている．その後に，スイスのジュネーブの町にもやってきて，ツウェット博士の親友の E. クレイペイラとも逢っている．このカップルはワルシャワ大学町では仲良き夫婦としてよく知られていた．主人との会話は夫の好んでいたフランス語であった．彼らは 2 人ともピアノを弾くことが好きであった．そして時には 2 人でピアノデュエットをしていた．賢明な女性であったエレナは，ツウェット博士の職を捜す際に抗議の便りを公的事務所に提出したことがあった．ロシアのサコンディンスキー氏によって，先年見つけられた便りは，非常に明解な説得力ある文面であった．ツウェット博士がなくなった 1919 年には，彼女はその町の付近で福祉事業をしている学生達の所で働いた．ツウェット博士が亡くなった後は，彼女はしばらく市民と共に反体制の活動を担い，そのリーダー的存在であった．その後しばらくして，その町も離れて，グロビアの村の近くで，彼女の母親と共に住んだ．そして小学校で教えていた．母親が亡くなった後エレナは体調を崩し，若くして亡くなった（最近の調査で自殺であることがわかった）．

いずれにしてもツウェット博士を追いかけるように夫の死後 3 年で亡くなったのである．

現在のワルシャワ大学の図書館．大学本館手前の公園と向きあって建っている．大きな図書館でレストラン，書店，雑貨売場等多くの店が所在する．(2001 年　著者撮影)

第2章
クロマトグラフィーの誕生

(1) クロマトグラフィーの命名

1903年の論文*[1]で現在のクロマトグラフィーの着想は出来上がっていた.

それから静かな3年間が過ぎた時に, 現在では有名な論文, クロマトグラフィーという名が出てくる論文をツウェットは, ドイツ語で1906年にワルシャワ大学付属植物生理学研究所より出版したのである. この出版でツウェット自身も勢いに乗り, 彼は大変多くのカラム・クロマトグラフィーの実験を精力的に行っている. この有名な論文の前にも, ショート技術文として小冊子を多く出している. その内容にはバンドの広がりと充填剤とカラムの大きさについても言及していて, 今日のHPLCのフル装備を予言しているような気がする.

この時期にツウェット博士は, 夜も昼も吸着現象とクロマトグラフィーに夢中になり, 実験を続けていた. その結果として, 植物学に関するクロロフィルの精製, 光合成, 分離技法等が段々と明確になり, ツウェットは研究者として自信がもてる状態になってきた. そこで1908年にはロシアでの博士論文を仕上げたのである. ここで「ロシアでのとは?」と思われる節もあるが, ツウェット博士がスイスのジュネーブ大学を経て, ペテルブルグにやってきた際に, ジュネーブ大学の博士の学位をロシアは認めなかったのである. それにもめげず, ツウェット博士は修士学位にチャレンジし, 遂に1908年にはロシアでの博士論文を仕上げたのである. まるで大博士である. ちなみに, 西洋列国に負けじと, 日本でも博士号の機運が高まり, 大正8年, 大日本帝国大学(東京)で全国より25人を選び, 2人に大博士の称号を, 8人に博士称号をという審査があった. その結果, 2人と8人の優秀さは専門が違うので比較出来ず, 結局10人の第1回博士が5月8日に出現することになり, 大博士は実現しなかった．そのような事を考えていると，まさにツウェット博士は大博士のような気がする．

ともあれ，ツウェット博士は博士論文を仕上げて，1910 年当初に出版したのである．その論文により 1910 年 11 月 28 日付けで，遂にロシアの博士の学位をカザン大学より得た．ロシアの土を踏んで足掛け 15 年になっていた．この論文の評価は非常に高く，その当時の著名な学者 3 人と共に，ロシア・アカデミーのグランド・プライズの賞を得ている*2．その博士の論文名は，「植物中のクロロフィルと動物の世界」である．内容を少し紹介してみよう．

第 1 章では，方法論について詳しく述べている．第 2 章ではクロロフィルの物性的，生理的，細胞学的なことを説明している．第 3 章ではクロロフィルに関することで，光合成も含めたツウェット自身のアイデアをも含め，バクテリアやエネルギーについても考察している．もちろん，吸着現象活用のクロマトグラフィーについても書かれている．吸着クロマトグラフィック分析という単語もしばしば登場している（ツウェット博士の研究論文についての詳細は，後日，私のライフワークとして出版することにしている）．ツウェット博士の論文は科学者の間のみならず，その当時の新聞にも掲載された．この，1912 年当時の生物化学誌上でも，ツウェット博士が熱意をもって開発した吸着クロマトグラフィーの論説を載せたものが多かった．その評価の高さが，その後のワルシャワ大学からポリテクニックの研究所に移るきっかけになったと考えられる．

クロマトグラフィーと名付けたことには種々のエピソードがあるので，ここで少し解説しておきたい．

クロマトとはギリシャ語で“色”，グラフィーは“書いた”ものという意である．数十年経って，英国のオックスフォード大学のプーネル（H. Purnell）はこの件に関して，ユーモアのある考察をしている．「ツウェット博士はユーモアのある人らしく，Tsvet－古いロシア語でカラー（色）と意があったのを知っていて，誇りに思いながら，格好良く，ギリシャ語（世界の原語）で Chromatography と名付けたように思う」と結論付けている．

確かに，ロシア語や英語，Adosorption analysistic method では長くてまとまりがなく，「クロマトグラフィー」と，極めてスマートな命名はこの技法を世界の津々浦々の研究室に浸透させる上で大きな役割を果たしたのではないかと思う.

——*Note*——

＊1）1903年5月にワルシャワにて講義され，1905年に出版された.
Tr. Varshauskogo. Obshch. Estestvoispytatelei. Otd.

＊2）1911年にツウェットはロシア帝国のインペリアル・アカデミーより，グランドプライズ賞を受賞している．その主要因は1910年出版の大作（植物学と動物学に関する論文）であった．この中でもクロマトグラフィーに多くのページを割いて詳細に記している.

この賞は1908年に設立されて，ロシア国内でロシア語で書かれているのが条件であった．対象はサイエンスと歴史とフィロソフィーであり，サイエンスの分野は物理，数学，化学，植物学であった．それぞれ，大賞と次賞が設立されていて，ツウェットは大賞に輝き1,000ルーブルの賞金を受けている．この賞は第1次世界大戦を境になくなった.

(2) ツウェット博士の外国での活動とノーベル賞

ツウェット博士はこの良きワルシャワ時代に多くの外国の大学，植物園，研究所を訪れている．目的は彼の研究内容を説明，あるいはデモンストレーションをしながら研究の研鑽を積むことであった．その訪れた箇所は次のようなところである．ベルリンの植物園，キール大学，オランダのアムステルダム大学，ライデン大学（日本でも馴染みのシーボルト先生の研究の場)，デルフト工科大学（水利工学では有数の大学)，ベルギーのブリュッセル大学，フランスのパリ大学等であると記してあるが，著者が深く調べたところ，「ツウェット博士はノーベル賞に匹敵する」と便りを書いた大学教授はオランダ北部のフローニンゲン大学のビゼリンフ（Cornelis. V. Wisselingh）であった．したがって便りに記載されていない古都の大学にも寄り道したものと思われる（しかし，現在までのツウェットに関する調査では彼がフローニンゲン大学を訪れたという証拠は発見されていない).

私費ででも外国の大学で研究の打ち合わせ“吸着現象の解明について”をし

ようとしていた事が伺われる.

ツウェット博士は自らのクロマトグラフィーの技法に自信をもち，より多くの大学で演示実験したことが推測される．著者も欧州の大学で演示実験を何回か行っているが，ツウェット博士の時代は大変な時期（第一次大戦近く）で，外国での活動は大変なことであったと思われる．ちなみに，フローニンゲン大学のビゼリンフ教授はツウェットのクロマトグラフィーは「吸着のニューカテゴリー」と賞讃して，スウェーデン科学アカデミーに「1918 年のノーベル賞」のノミネートとして便りを出している．しかし，ツウェットは賞に輝かなかった．その要因は複雑であるが，最近になって，L. S. エテレによってこの件に関する論文「M. S. Tswett and the 1918 Nobel Prise in Chemistry」が出て，その内幕が少しずつ明らかにされてきた.

その要因を一つ，二つ挙げると，一つは真のロシア人ではない科学者であること，もう一つは M. S. ツウェットと第一次世界大戦に関わる諸問題になる．しかし，もう少し深く調べれば，もっと違った解釈になるかも知れない.

それにしても，その当時の教授が感動して，直接スウェーデンの科学アカデミーに便りを出すに至らしめたものは何だったのだろうか？（著者にも時にそのような教授が現れるのだろうか？　いやそれはとても高いハードルである)．西欧の大学でのツウェット博士の演示実験が大変演出的で素晴らしかったのであろう！　しかし残念なことに，素晴らしかった演示実験の期日は今も分かっていない.

ともあれ現代科学研究へのクロマトグラフィーの貢献度は，ノーベル賞を凌ぐものであろう．その点では，ノーベル賞に入っていない M. S. ツウェット博士が現存していたということは，ノーベル賞には幸運の風が吹かねばならないことを意味しているように著者には感じられる.

それから彼は同時期に，モスクワやペテルブルグで行われていた学会に度々出席して，彼の論文を公表していった．そして彼はワルシャワの自然科学学会の正式会員と，ドイツ植物学会の正式会員になっている．このような植物学に対する新しいアイデアや，クロマトグラフィーに関する画期的な発表にも関わらず，ツウェットと科学的な論争をした学者を中心に彼の手法は認められなかったのである．ツウェット博士の後の優秀なクロマトグラフィーの学者，ゼッチェマイスター（L. Zechmeister　ハンガリー）の言は次のようなことであった．

「ツウェットの研究している事は，それほどの価値はないと知らぬ振りをしている学者が多く，あのクロマトグラフィーの発明の後も，その原理，理論を認めようとはしなかった．科学者としても認めようとはしなかった」

そのような状況の中で，ツウェット博士は自らの考え方，研究の成果を何とかして人々に伝えようとした．

(3) クロマトグラフィーの反対者

ここで，ツウェット博士のクロマトグラフィーが，その当時の学者，研究者になぜ認められなかったのか，どのような人達（教授等）と論争をしていたのか，古い文献を繙いて考察したことを述べてみる．

ツウェット博士のクロマトグラフィーに関する論文を考察すると，ロシアでの 1901 年のカザン大学の修士論文の中から，クロマトグラフィーの発想はおもむろに始まった感じがする．修士論文の中で彼が興味を示していることに，溶媒抽出がある．この実験法はある植物から，ある成分を分離・分画する古典的な技法で，その当時も他の化学者，植物学者達も利用していた方法である．

この溶媒抽出法にツウェット博士はなみなみならぬ興味を示し，誠に懇切丁寧に実験をしている．この研究中に，紙による選択的な吸着現象（毛細管現象に近い）を観察していて，興味を持っている．ツウェット博士はこう書いている．

「私は劇的にも，葉の油性エチルの抽出液がスウェーデン製の紙を通過する時に，異なる色のリングを作っていくことを発見したのである」と．

この発見は分離・分析への興味の大きさが影響したものであり，ツウェット博士は植物学者として出発したけれども，上述のような研究に興味を持って深く考察したということは，彼には化学者の素質が十分あったということだ．それから 3 年後に，論文「吸着現象の新たな分野と生物学的分析への応用」を発表した．

この論文の中で，明らかにクロマトグラフィーの原形となる吸着分離を活用して実験を行っている.「クロマトグラフィーと呼ぶ」という画期的な論文はこの3年後に発表されている.

この頃からツウェット博士の発案したクロマトグラフィーに対する批判的な風があちらこちらから吹いてきた.ツウェット博士は，この素晴らしい技術の原理を理解してもらおうと，会議場でカラムの色素の分離をしてみせたり，分かり易い吸着分離をしてみせたりして，涙ぐましい努力をしている.にも関わらず，彼の研究仲間からも良い反応は無かった*[1]*[2].

植物学者のツウェットは「吸着分離にこだわり，雲のようにフワフワして掴み所のない理論をあちこちで発表している」というものだった.

そんな風潮の中，ツウェットはその頃の科学界で有名になりつつあった，モーリッシュ（H. Molish）の研究結果,「海草の茶色成分の成果」について,「それは成果ではなく茶色の混合物である」と酷評している（自らのニューテクニック・クロマトグラフィーを駆使し，正確な分離をした上で).この事もツウェット批判に輪をかけたようである.私はもう少しツウェット博士に妥協的な考え方があっても良かったと思うが，この非常に誠実な言動があったからこそ，クロマトグラフィーの発見，発明につながったようにも考えられるので,致し方なかったのであろう.

「モーリッシュの例のように，クロマトグラフィー技術で解明していけば,その当時正しいと言われていた西洋の科学者達の成果そのものが間違っているという事を恐れて，ツウェット博士のクロマトグラフィーを“たわ言”として見逃そうとしたのだ……」と，ツウェットの研究者，エテレ（エール大学）は考察している.

この時代，最もツウェットの研究に疑いをかけ激しく反対したのは，クラコウ大学の薬学教授のマルコレウスキー（L. Marchlewski）であった.その当時,マルコレウスキーは科学アカデミー会員にもなっていた.彼はツウェットの事を，堂々と次のように批判している.Volkommen falsh－明らかな間違い！と.その上に,「ツウェットが主張しているクロマトグラフィーとやらは，その技法も理論も，そんなに長続きしない」とうそぶいている.（歴史的に見ると,上述の考え方は大変な間違いであったが，当時は明らかに優勢だった.）その後も彼は,「濾過の実験を工夫したぐらいで，葉緑素化学の革新者の頂点には立てないということにツウェット自身が気付くことを望む」とも言っていた.

一方，ツウェット博士はこのような中傷的な反論に対して立派な反論をしている．その内容はどちらかと言えば，個人攻撃よりも科学的な反論が多かったが，時には感情的に次のようなことを書いた.

「マルコレウスキーには文学についての知識が不十分であり，その上に私の論文を注意深く読んでもいない.」

著者の研究生活でも詩的，文学的な感覚は大切なことだったので，ツウェット博士の反論は的を射ていて，読むほどに厳しさが伝わってくるものである.

その他にも反対する科学者がいた．その科学者は，海草の色素の研究のモーリッシュ（Molish）を優秀な研究者と認めているコール（G. Kohl）だった．コールはプラハのドイツ大学で植物生理学研究所の理事をしているほど，有名な学者であった.

上述のエテレはモーリッシュの海草の研究について調べ，ツウェットの正当性について論じたが，この出版に対してモーリッシュは強く反論している．モーリッシュは後になって自らの証明が怪しいことが少し分かったが，エテレが敵であることが判明し，激怒していたとの事である．しかしモーリッシュにも味方がいた．その名は上述のコールで，モーリッシュの事を素晴らしい研究観察者で，その実験も素晴らしいという文を書いている．その上でコールは，「ツウェットの論文には全く新規性のあるものはなく，価値がない」と言っていて，ツウェットの言及は無視してしまった.

この際にも，科学的にツウェットは反論していた．この頃にはコールは科学界の上位に位置していて，ツウェットに植物化学の本質を教えても良いと考えられるくらいであった．そう思うのはコールが4年程前にカロチン色素に関する本を出版していたからである（しかし著者が思うには，ツウェット博士のクロマトグラフィーでその本の内容をチェックすれば，いかがわしい所が多々あったのでは！）．しかし，歴史を繙くと，上述の論争は科学的に大変価値のあるものであるから，今後，その内容解明の研究に期待したい.

———*Note*———————————

＊1）分離法として受け入れられなかったのは，従来，有効な方法として認められ

ていた遠心分離法，パスツール（Louis Pasteur）が発明していた分別結晶法を用いて証明実験をしていないためであった．

＊2）分離結晶法－パスツールが 1950 年に，酒石酸に 2 つの異なった種類（異性体）が存在し，この 2 つの物質は，物性，化学的性質は変わらないが，その水溶液に光線を当てると，偏光面の強さは同じであるが，一方の異性体が右に回転し，他方の異性体は左に回転することを見出した．

　また，パスツールは異性体の一方が塩を形成し易く，沈殿を生ずることを見出し，これ以降この方法を分別結晶法として，科学者の間で有用に利用されることとなった．

(4) ドイツ科学界の教皇 R. ウィルシュテーターと M. S. ツウェット

さらに，上述の著名な学者の論争はドイツ有機化学界の教皇と言われていた，ウィルシュテーター（R. Willstatter）にまで影響を与えることになった．ウィルシュテーターのその当時の研究は丁度，葉緑素（クロロフィル）の物質成分的研究で，誠に骨の折れる実験をしていた．

実はこの時に早くもツウェットはクロロフィルの物性，化学的な事柄については理解していて，分離・精製の技法（クロマトグラフィー）を駆使して，ウィルシュテーターの先を行っていたのである．ツウェットとウィルシュテーターの論争は，かなり質が高い科学的理論の論争であった．

ツウェット博士がクロロフィルの結晶は試薬によって変化することと吸着現象について 1901 年には結論を出していたが，ウィルシュテーターはそれを認めず，1908 年（7 年後）の時でさえ，混合物を単体と信じていた．ウィルシュテーターが上述にあるツウェットの 1901 年の論が正しいと認めたのは 11 年後の事であった．

誰しも自分を正当化したいものであろう．ウィルシュテーターもまたツウェットとの論争の価値を軽くみて，自分の部下の研究員の絶え間ない努力を讃え，自らの名誉のために非常に多大な時間とエネルギーを費やしたことになった．当時の著名な化学者達はみな伝統的な技法で得たデーターを信ずる事しか出来ず，彼らの基本的な考えを壊されることを恐れた．ウィルシュテーターも同様に，この伝統的な技法で，原料を何キログラムもの大量物から時間をかけ，根気良く丁寧に分離させていく実験を進めたということでしかなかった．

明らかにツウェットの理論の正当性をウィルシュテーターは証明しただけに終わっているが，歴史とは皮肉なもので，クロロフィルの論文の成果に対して，ウィルシュテーターは1915年にノーベル化学賞を受賞することとなった．

ウィルシュテーターとの論争で注目すべきもう一つの事実があった．実は彼もツウェットと同じように，以前カラムに充填剤をつめて実験をした事があった．その際に彼は，充填剤を成分が通過した時に，その成分が変化したのでこの技法は役に立たないと判断し，クロマトグラフィーそのものを信用しなかったのである．

ではなぜ，カラムの充填剤のところで変化が起きたのか？　それからなぜ，もう少し工夫して，吸着現象を利用することが出来なかったのか？

1つ目の解答は吸着ではなく，充填剤と成分との間にイオン交換現象が起こったのである．この現象を解明したのはイギリスの科学者トンプソン（H. Tompson）である．その名を後年にイオン交換クロマトグラフィーといい，原子爆弾の製造に関して利用・活用された．ウィルシュテーターの実験から25年後のことであった．

2つ目の要因は，彼はやはり吸着現象の有効利用に興味もなく，価値を感じていなかったということであろう．それにひきかえ，ツウェットはその点（物質の変化）にクロマトグラフィーを行う場合は注意する必要があると警告をしていた．その上でツウェット博士はイオン交換では吸着の比重が上るように溶液を種々検討し，吸着現象による分離に成功していた．このようなことを考慮すると，ウィルシュテーターとその弟子達の失敗はツウェットの言い分を無視して，溶媒に水溶液を用いてイオン交換による物質変化を引き起こしたことにある．

(5) 分取クロマトグラフィーに関して

ウィルシュテーターは1928年に（ツウェット博士が亡くなって，11年後）出版した『Enzymes』の中で次のように書いている．

「ツウェットの手の中にあるクロマト技法はクロロフィルやその誘導体に関しては，確かに重要な結果を引き出すけれどもラージスケールとしては適していない，すなわち分取技法としては適していない[*1]」

ウィルシュテーターはツウェット博士が亡くなった後 10 年以上たってもクロマト技法の将来性に対して，悲観的な見解を科学界に掲示している．それから，70 年が過ぎた現在，分取クロマトグラフィーは私の専門分野であり，私の書物のみならず，様々な専門書が研究に利用，活用されている．

ここで，分取に関するクロマトグラフィーの有効活用の歴史を少し繙いてみる．

本書にも記しているが，分取クロマトグラフィーが大いに活躍した研究開発にマンハッタン計画（原子爆弾製造計画）がある．

ウラニウムの分離精製に分取クロマトグラフィー（イオン交換の活用）を駆使して成功したのである

もっと身近な活用に環境ホルモンへの有効活用がある．すなわち，ダイオキシンにも 6 種くらい分子構造の違うものがあり，それぞれ毒性の強さに差がある．その強さを決めるために各分子を取り出す分取クロマトグラフィーが必要なのである．各分子が混合されていては毒性の判定ができない．

このように，現在でも分取クロマト技法の価値は高まる一方である．

ドイツの科学界の教皇といわれていたウィルシュテーターはツウェット博士の新しいカテゴリーになる吸着分離技法を良く理解できず，その価値，有効性についての評価は，明らかに間違っている．この辺りの考察はエール大学のエテレ，ベルン大学のメイヤー（V. Mayer）らによって，なされてきている．

このような事実は権威のある研究組織にいる著名な科学者達よりも，一人のセンスある創造的な研究者の存在のほうが，価値あることを物語っている．

———*Note*———

*1）ツウェットが 1903 年頃にクロマトグラフィーを考え出していた頃から，ラージスケールでの分取クロマトグラフィーの可能性について考えていた．その証拠に 1904～1906 年にかけて，ツウェットはカラム寸法を段々大きく，すなわち 10 mm，20 mm，30 mmと行っていて，高さによる圧損失につい

て言及し，その後，溶離液の工夫によって大きなカラムの可能性についても記していた（図7-1と図7-3を参照）．

(6) クロマトグラフィーの価値を認めた人々

ここでしばらく，ツウェット博士のクロマトグラフィーを賞讃する人々の名文句を紹介していくことにする．残念ながら，ほとんどのものがツウェット博士がこの世にいなくなってからのものなのである．ファーストバッターは，何と言ってもロビンソン（T. Robinson）である．ロビンソンはツウェット博士を高く評価した最初の学者であり，何回も賞讃する文章を書いている．

「彼は吸着現象を分析手法，技術として利用しようとしただけではなく，自然界，植物生育中のなかでも行っていることを説明しようとしていた．例えば，クロロフィルの色素は糖粒には吸着されないことを突き止め，ベンゼン抽出やアルコール存在下での成分の変化を調べている．彼は様々な吸着物質を用いて吸着させた色素混合物が，ちょうど，葉っぱの中にあるのと同じような反応をすることを示すようなモデル実験を試みている．これらはツウェット博士の創造のたくましさを示すもので，カラムクロマトグラフィーの理論をなお発展させるものだった」と．

次はハンガリーの学者，ゼッチェマイスター（L. Zechmeister）の登場である．彼はツウェットは伝統にとらわれない技術開発をしたと言い，「明らかにこのクロマトグラフィーの理論は化学者の研究の境界を超えた，大変オリジナルなものである」と語っている．

3人目はアメリカのエール大学のE. S. エテレである．彼は次のように書いている．

「研究の本質は現在（1975年当時）でも分離と精製である．化合物の分離と不純物の除去，このクロマトグラフィーは，従来の抽出と結晶技術にそぐわない発想だった．それに，その当時の研究者は成分の分離に価値を持たず，また，微量分析の必要性も分かっていなかった．不純物を除き，価値ある成分を取り出し，様々な研究に活用することは，化学研究とマッチしてますます進展したのである」と．

エテレ氏は最近になってフランスの哲学者デカルトの次の言葉を引用して，ツウェットを賞賛している．

「全ての科学の発展は，その技法の発明による」と．

それから実際に，ツウェットのクロマトグラフィーの価値を認め，クロマトグラフィーを引き継いだ学者3人を，コメントを付けて紹介する．

C. デーレー…… クロマトグラフィーの重要性を認識したヨーロッパの最初の学者（スイス）

T. リポマー…… ツウェットが信頼されていない時に，クロマトグラフィーを信じて研究，発表し，ハイデルベルク大学の化学者に影響を与えた．

G. クランツリン（Kranzlin）……ツウェットのクロマトグラフィー法をすぐに受け入れ，植物色素の系統的分離をクロマトグラフィーで行って発表．

コーヒータイム

スウェーデンアカデミーのノーベル賞について

ノーベル賞を創設しようとしたのは，もちろん，スウェーデンのアルフレッド・ノーベルである．それは1895年のことであった．

1901 年からノーベル賞は与えられるようになったのだが，その 2～3 年前からアルフレッド・ノーベルは創案していてアプローチしていたが，実際には，彼の死後，5 年後より賞が成り立っている．彼の莫大な遺産が財源となっている．

当初は化学，物理学，生理医学，文学賞であった．その後平和賞が加わった．

第一回のノーベル賞が授与されたのは，ほぼ1世紀前になる．

初代の受賞者は物理学がエックス線を発見したウィルヘルム・レントゲン，化学は浸透圧を発見したヴァント・ホッフ，生理学，医学がジフテリアの血清療法を研究したフォン・ベーリングだった．

日本の科学者も近年受賞が相次ぎ喜ばしいことである．

ノーベル賞受賞記念ホール，青のホールの前にて

ノーベル賞祝賀開場

第3章
ツウェット博士の研究の職場

(1) 研究の職場を求めて

ツウェットは，クロマトグラフィーが正しいと証明するために，より以上に実験技法，演出法に磨きをかけていた．そのように種々クロマトグラフィーに関する実験，研究を進めながらも，彼は大学の植物園の教授の職を得るために機会を作ろうと努力をした．望んでいた職は，野望や名誉とはほど遠いもので，単に植物学と吸着現象の活用をクロマトグラフィーの研究としてレクチャーをしたいだけだったのである．このように，ツウェット博士の性格は，誠実で真の研究者，学者タイプだったのである．

ちなみにツウェット博士が職を求めて応募した所は，サマラの大学の特別植物園，ノバレクシュク研究所，モスクワ大学の植物園，モスクワにあるルボオ大学であった．ここで，教育省あてのツウェット博士の要請文を紹介しよう．

「教授職への私の望みを，私の研究分野が拡がるために，どうかその機会を与えてください．そして私が確固たる地位で，私が科学的な仕事が出来るために」

しかし教育省の官僚は，彼の申告書の意見を参考にして決めるかわりに，その当時の有力な能力のある人物寄りの意見を取り入れて，採用をしなかった．すなわち，ツウェット博士を認めている人達の意見ではない，官僚的に衝突のない方法によって採用に至らなかったのである．モスクワ近郊のシザリストの教育省のエキスパートの反対意見が早い対応で書かれていた．その学者はゼレスキー（V. Zelesskii）であった．ツウェット博士の妻はこの事に関して，便りを教育省に出している．その内容はおおよそ次のような言になっている．

「このロシアの教育省の信頼しているゼレスキーと他の立派な学者とは意見

に相違がある.」

この便りはその当時の若い研究者，ツウェットの置かれている状況をよく表している．著者はこの便りの詳細が手に入り次第，もっと事実を明確に把握したいと考えている（ロシアとアメリカにツウェット博士の便りの研究している学者がいる）.

この当時のツウェット博士の研究に対する接し方と生活の様子は，大変紳士的な振る舞いであった，かつ誠実で思いやりのあるものであった．しかし彼は，彼の科学へのフィロソフィーはしっかりとしていて，彼に反対意見を持っている人々に対しては，理論的に建設的に納得させるような仕方をしていた．違った意見に対して，あまり妥協をしていく方の人物ではなかった．妥協している姿勢を示すことがなかったので，彼が属する協会からも科学者としては少し孤立しているように見えた.

(2) ツウェット博士の最後の職場

1915 年にドイツ軍がワルシャワに攻め込んで来て，彼はモスクワに逃れなくてはいけない事態となった．その際に彼が大切にしていた蔵書および論文，アイデアノート全てを失う事になってしまった．そしてその書物は 2 度と返ってくることはなかった．ツウェット博士が素晴らしく精力的に研究に打ち込んだ時期のノート，論文等であったので，誠に残念である．後世の科学者にとっても，大切な宝山を逃したことになったと著者は信ずる（戦争とは良くないことをあちらこちらでやらかすものだ！）.

しかし，彼は望みを捨てず，移ったモスクワで大学の職を求めている.

彼の友達のブリケット（Briquet）にあてた手紙では，「私の研究が古すぎるようになる前に，大学の職を得て，もっと研究したい……」と書いている．1916 年にはワルシャワのポリテク研究所がニーゼニィ・ノブゴルドに移ったのを機に，彼も同じ地に移った．戦争の最中，彼は授業のスケジュールを組み，熱心に講義をした．植物学コースと農業学コースで教えた．彼が創立者の 1 人となったゴーリキ農学大学でも講義した．もうこの時期には，ツウェット博士は大変身体を病み，講義もままらなぬ状態になっていた．町の医者の勧めによって，彼は静養に出かけたのであった．この時には彼の妹と彼の家族が一緒であった．

その静養地はコーカサスの近くのブラヂカフスカであった．澄んだ空気とやさしい家族の間で良い静養をした．

この町からジュネーブへ 1917 年の 4 月 18 日に便りを出している．その内容は，「私はタルツ大学の植物園で教授の職位で講義して働く事が出来るようになりました．もし私の身体が健康になれば，植物園で教える事は大変幸せなことなのです」．

そして2年後，病気も少し回復し，タルツ大学の教授として教えている時に，ドイツ軍が近くの町までやって来たのである．この時にはすでにツウェット博士の健康状態は悪化していた．授業も椅子に座って行う状態であった．彼の講義は明快で，そのアイデアは新しく，建設的なものであった．しかし，健康状態は最悪化してきて，1919 年の6月26日にクドガ湖畔の町ウオロネーゼでこの世を去った．

病の確固たるものはないけれども，大学の医者の言によれば，心臓病と他の合併症であった．

アルカエフ修道院へ埋葬されたが，第二次世界大戦の最中，安らかな眠りにはつけず，墓地は荒らされて，今はもう，その墓も見ることも出来ない．

ツウェット博士は帰らぬ人となったが，クロマトグラフィーは永遠に生きている．

「混合物なのか，純粋な単一のものであるのかを決める方法は，ツウェットのクロマトグラフィーの方法でしか出来ないのだ」

Dr. L. Zeichmeister.　1943 年

「環境ホルモンの種類とその毒性を正確に把握するためにはこのツウェットのクロマト技法が大変有効である」

Dr. I. Matsushita.　2000 年

コーヒータイム

ツウェット博士の生まれたホテルRealに泊る

ツウェット博士が生まれた町アスティー（ASTI）に着いたのは4月中旬のお昼過ぎであった．私は列車を乗り継ぎ，アレキサンドリアからアスティーに入った．
クロマトグラフィーの研究を長く続けてきた私にとってはアスティーは格別な思いのある町である．

駅に降りて，アスティーの駅名の看板をしげしげと眺め，階段を昇り，駅前に出る．歩いている人にホテル・リアル（Real）のことを聞くと親切に教えてくれる．

私は大きなスーツケースを押して，石畳の道路を汗をかきながら昇る．ツウェット博士の父親S. ツウェットと母親マリアもこの道を登っていったと思うと感無量であった．

まさか，同じ道を歩こうとは，1年前には夢にも思わなかったことであった．しかし，ツウェット博士の旅行計画をたて始めてからは，この道が頭から離れなかった．2つ目の広場の右奥の方にホテル・リアルが見えた．

3ヶ月も前に予約していたのでそれなりの事をつげ，ホテルの部屋に入り，くつろぐ．私にとってまたまた感無量の時間を送る．そして夕刻となり，食事をすませ，夜空を見上げて古いアーケードをくぐりぬけようとした時に，”赤ちゃんの泣き声”が聞こえた．ツウェット先生のことを考えながら歩いていたので，錯覚かと思いきや，本当に街角から赤ちゃんを抱いている男の人が現れた．こんな感じでこのアーケードをツウェット先生のお父さんも歩いていたのであろうか……（母マリアはツウェット先生が生まれて，まもなくこの世を去っている）．

この夜の事は今振り返っても，不思議な出来事であった．というのは次ぎの日のトリノ，ミラノの町々でも何度か夜空を見上げながら歩くことがあったけれども，赤ちゃんを見ることはなかった．

ツウェット先生からの私への贈り物だったのであろうか．

イタリア国有鉄道のアスティー駅

ツウェットが1872年に生まれたホテル・リアルの「紋章」

第4章
ツウェット博士の大きなカバン

(1) 大きなカバンの行方

M. S. ツウェット博士によって開発されたクロマトグラフィーほど生物化学の分野に貢献した技術はないのではないかと言われている.

そのツウェットとクロマトグラフィー開発の歴史はどのように切り開かれ,導かれて進んできたのであろうか.

既に述べたように,イタリア北西部の小さな町アスティーで生まれたツウェット博士は,その後スイスに移り住み,中学校に進み,ジュネーブ大学の植物学科を卒業,1896年に学位(博士)を得た.その後すぐに彼の父親と一緒にロシアに渡り,大学の研究の職を得るために,再びロシアの修士の学位を取得,1910年11月28日付けでカザン大学より博士の学位を得たのであった.

このようなツウェット博士の生い立ちや,クロマトグラフィーのきっかけとなった研究やその開発の動機やフィロソフィーは,ツウェット博士の亡き後50年,20世紀の後半から欧州を中心に調査研究が進められ,それまで分からなかったツウェット博士に関する種々の事が明らかになってきた.とは言っても,クロマトグラフィーの研究者が知りたいと思っているうちの数%にも及ばぬ現状ではあるけれども…….

ツウェット博士に関する種々の事が明らかになってきたのは,彼が世に出版した論文によるものがメインであることは事実であるが,何枚ものツウェット博士の写真が残っていたことが重要な役割を果たしたことも事実であろう.特に少しのコメントがそえられた写真は貴重である.ではなぜ貴重な写真がツウェット先生の死後も何十年にもわたり残っていたのであろうか! その答えはツウェット博士がこよなく大切にしていた“大きなカバン”が博士の亡き後まるでリレーのように引き継がれたためであった.

クロマトグラフィーの宝の山であったツウェット博士の“大きなカバン”に私は興味を持ち，3，4 冊の原書を調べた．ツウェット博士は本当に一つの大きなカバンを大切にしていて，肌身離さず持っていたのである．ドイツ軍が第一次世界大戦中の 1915 年にワルシャワに攻め込んできたので，急いで，ツウェット博士はワルシャワ大学より近くのロシアの町へ疎開しなければならなかった．その時でさえ，その“大きなカバン”だけは持っていったのである.

戦争によって多くの貴重な書物，研究提案書，メモが消失してしまい，しかも彼の墓さえも荒され，墓地そのものがなくなってしまったという状況で唯一残されたのがこの大きなカバンなのであった．この大きなカバンは一体どのようにして引き継がれてきたのだろうか.

夫の亡き後，ツウェット夫人のヘレナは数ヶ月間は大きなカバンを持っていたのであるが，何のてらいもなく，異母の娘，ナダーサダに渡した．このナダーサダがその後何十年にもわたり大きなカバンを大切に保管していたのである．私はヘレナ夫人がしっかり者のナダーサダに“大切なものよ”と言って渡したに違いないと考えている.

ヘレナ夫人は生計を立てるために，よその土地（チェコスロバキアに近い場所）で学校の先生をするために移らなければならなかった．ツウェット先生の大きなカバンは長い旅にはかなり重くて，不都合であったのであろう．書籍等は意外に重いものである.

主人のカバンだったので，しっかり者のナダーサダなら大丈夫と思ったに違いない．ツウェット夫人，ヘレナはその後も再婚する事なく，夫の死後 6 年で，後を追うように故郷の近くの村，グロバァノで若くして亡くなった.

しかし，ナデーサダに引き継がれた大きなカバンはヘレナ夫人の予想通り，大切に保存されていたのである．今日から振り返れば，ツウェット夫人ヘレナが肌身離さず持っているのが本当ではないか？　と思う節もあるが，実は 2 人の間には子供がなかったので，後々の事を考えれば，異母の娘に引きとってもらっていたのは良かったことであった[*1]．娘のその又娘が引き継ぐ事になったのであるから…….エレナ夫人も預った娘もそのまた娘も，ツウェット博士が大切にしていたことを心に留め，大切に引き継ぎ，保管してきたものである．

ツウェットの姪になる E. A. リシエンコの言によれば，“大きなカバン”を預かったナダーサダが次のように言ったのを憶えているということである（ロシアのツウェットの研究者，サコディンスキーの調査）．

「私のおじさん，ミーシャ（ツウェットの事）は自分のカバンをいつも大切にしていて，ミーシャが好んでいたものの 1 つであった．そして，その中には写真や手紙や書きものが入っていた」

ナダーサダは 1936 年に亡くなるまで約 19 年間もの長い年月，カバンを持っていたのである．この最初の 20 年間保ち続けたことが，ツウェットに関する植物研究，クロマトグラフィーの発案，決め手，フィロソフィーの確認に大きな役割を果たしたことは間違いのない事実であろう．

「大きなカバン」の持ち主，ツウェットの性格を記して，この節の締めくくりとしたい．ツウェットの性格描写で優れている 1972 年のサコディンスキーの論文より，そのままに記す．

> Characteristic for Tswett as a scientist were the scrupulous respectful attitude toward the works of other investigators, and an amazing diligence ; he was talented and gifted, possessed the art of generalizing the results obtained ; his scholarship was enormous ; his way of thinking vivid and bright. Unfortunately, in tsarist Russia the conditions did not permit the full utilization of his talents.
>
> 「科学者としてのツウェットの性格は，他の研究者の研究成果に対して良心的に考え，敬うような考え方をしていた．人柄は勤勉でもあった．彼は才能豊かで，得られた結果を拡める，普及させる技術を備えていた．彼の学識は素晴らしいものであった．そして彼の考え方はクリアーで，機知に富んだものであった．不幸にも帝政ロシア下においては，彼の環境は彼の才能を十分活かす余地をもっていなかった」という大意になろう．

ナダーサダの娘，エリザベーターにカバンは引き継がれ，その後の第二次世界大戦の間中も持ちつづけた．そしてモスクワから近くの村に疎開するまで持っていたが，遂に“大きなカバン”の中から数枚の写真だけを抜き取り，カバンを置き去りにしてしまった．遂にここで，大きなカバンと共にツウェットの貴重な論文，手紙，メモは帰らぬこととなってしまった．ツウェットの死後，何十年にもわたりカバンが存在していたことは奇跡的であった．このことが将来の分析科学の分野に大きく貢献したことは間違いない．だが遂にここにツウェット博士の研究アイデア・メモの貴重なものが消えることとなった．それは第二次世界大戦が終りに近づくころのことであった．私のようなクロマトグラフィーの研究者にとっては宝箱のようなものであったに違いないと私は確信する．しかしながら，エリザベーターの抜き取った写真は貴重で，この写真を手がかりにし，ツウェットに関する研究が一段と進んだのである．進ませたのはツウェットのたぐいまれな才能とクロマトグラフィーに価値を認めたクロマトグラフィーの研究者たちであった．

ツウェットの生涯とクロマトグラフィー開発のフィロソフィーの研究は，その後の生物化学者のみならず，その他の研究者にとって自らの研究の解明に大いに役立つ事になったのである．

———*Note*———

*1） この大きなカバンの存在およびカバンの行方については，1997 年 5 月のジャーナルクロマトグラフィアの論文（M. S. Tswett's Corresondence with J. Briquet）の中に初めて登場してくる．ツウェットに関する L. S. エテレの貢献は大である．その p547 に，姪の娘のナターシャが「私の伯父さんはカバンをとても愛用していたと言っていた」と記してある．

(2) ツウェットとクロマトグラフィーを甦らせた研究者達

初期のツウェット研究の第一人者ーロシアのサコディンスキー（K. sakodynskii）教授

エリザベーターが写真を数枚取り出したおかげで，本格的に 1960 年代に入り，ツウェットの生涯と研究に関する書が出版されるようになった．その 2 人の学者はロシアのサコディンスキーとセンチェンコバ（E. Senchenkova）である．サコディンスキーはツウェットの生涯とクロマトグラフィーの開発に興味を持ち，1970 年に世界的権威のある論文誌，Journal of chromatography に“M. S. Tswett－His life”という論文を出した．この論文は 17 ページほどのものであるが，写真が 15 枚のせられていて，読み物のようなものであった．この中の写真はツウェット自身のものはほとんどなく，大学の建物や論文の写し，スケッチ，図の写真等であった．

また，ツウェットの写っている写真は不明瞭で「肖像画」のようなものであった．この論文をしたためた時は，まだツウェットの情報は乏しく，集めたわりには不十分なものであった．それは，ツウェットの論文が世界で注目されるようなことはないであろうという考えもあったに違いない

ところが，この論文はかなり注目を集めたようで，勢いにのったサコディンスキーは 1972 年に同 Journal に続編を出している．この論文も研究論文らしくなくツウェットの生涯と写真集であるが，私の仲間の W 研究員が指摘したように，「『Journal of Chromatography』もツウェットがchromatographyと名付けなかったら，現実にはない Journal 誌」なのであるから，ツウェットに関することなら，どんなささいな事（新規性のある）でも論文になる可能性は高いのである．

1972 年の論文は「M. S. ツウェットの生涯と科学研究」という題であった．この論文は私が集めたツウェットに関するものの中でも，一，二を争う充実したものである．57ページにもわたる論文の力作であるといえる．その内容はツウェット博士の生い立ちから始まり，ジュネーブ大学，ロシアでの研究生活，それにクロマトグラフィーの発案，クロマトグラフィーの研究過程から成り立っている．

以前の 1970 年の論文ではツウェット自身の写真はほとんどなかったが，この 1972 年の論文では，なんと 20 枚にもふくれ上がっているのである．私もこの論文の写真の多さには驚かされた．多分，あの“大きなカバン”の写真を足がかりに，根気よく集めた成果なのであろう．

実際，1970 年の論文では，姪の E. リシェンコの記事がない．ところが，1972 年の論文には「ツウェットの姪に感謝する」と記してあるので，遂に

“大きなカバン”の中の写真を得て，そしてそれに関連する品々も得て 1972 年の 57 ページもの論文が仕上がったのである．姪のリシェンコを探し，そして逢えた喜びはいかほどの事であったか察しがつく．そしてその貴重な写真を預かると共に，一挙にツウェットに関する研究が深みを帯び，新たな展開の始まりとなった（1981 年の新しい論文では，なんとサコディンスキーとこのリシェンコとが縁者と共に写真に写っているのである）．この充実した 1972 年の論文の内容はツウェット自身の写真が多くて，その上に新規に見つけた写真もあり，論文というよりはまるでツウェットの写真集のイメージをかもし出している．

おもしろいのは，サコディンスキーはイタリアのアスティーまで訪れてツウェットが生まれ たホテルを見つけ，そのホテル・リアルをズームにまでして，2 枚も載せている．論文にはズームの写真は無意味な気がするが，その心意気が伝わってくる．その上に，ホテル内の生まれたベットまで写している．100 年以上前のベットが今も同じ状態でそこにあるとは信じ難い．特にイタリア人は，とてつもないことを嬉しそうに話すことがある（私の 2 度のイタリア旅行の感想であるが……）．

なにはともあれ，あの“大きなカバン”の中の写真を手がかりにこの論文はツウェットの生涯を詳しく論じることに成功している（これらサコンディスキーの 2 つの論文をまとめて，1985 年にイタリアの Calro 社がスポンサーとなって出版．良い書物になった．ジュネーブの植物園の図書館でその本を私は見せて頂いた）．
著者のようなクロマトグラフィーの研究者にとっては，どれもこれも宝のような写真群なのである．その中の数枚を紹介したい．

凛々しい父親セメン・ツウェット（Semen Tswett），イタリア系の母親マリア・ドローサ，それに 2 歳くらいのツウェットと，本当によく探したものである．最後の方のページには，ワルシャワで住んでいた部屋の窓，それに死に則して横たわっているツウェットの写真までもが載せてあるのである．この論文の写真の中でも一際目立つのは，思い悩んでいるツウェットに寄りかかるようにしているエレナ夫人との写真である．うつむいて考えているツウェット．後ろから寄り添うようなエレナ夫人．これは演技なのだろうか！　どこかの取材だったのだろうか！　知る由もないが学者の雰囲気を醸し出している．普通の家庭では，このような写し方はしないと考える．やはり何かの賞をとった時の取材の写真のような気がしてならない*1．

ワルシャワ時代の賞としては，1911 年にロシア,アカデミーによるグラント・プライズ賞を得ている．この賞はロシア人でロシア語で書かれた研究論文に与えられるものであった．

もう 1 枚挙げるとすれば，大きなカバンの中にあったと思われる家族団欒の写真である（p17コーヒータイム写真）．エレナ夫人が雑誌を読むポーズは，さまになっていてなかなかいい．理知的で優雅であると言ってさしつかえない．1900 年代初頭の頃に何枚もの写真を写していたという事は，ツウェット博士自身がかなりカメラに興じていたものと考えられる．1900 年代初頭といえば，日本の時代だと明治時代後期になる頃なので，ロシアでもやはりカメラは貴重なもの，珍しい物だったと考えられる．

ロシアの学者 2 人がツウェット博士に関する研究では先んじていてより深く研究しているのであるが，このサコディンスキーの方がセンチェンコバ（Senchenkova）よりも論文の数，写真の数で遥かに凌いでいる．それにサコディンスキーの方が英語に精通していて，論文誌に多く載せている．センチェンコバはロシア語だけの出版となっている．ツウェット博士の研究者として第一人者となったサコディンスキーは 1996 年 5 月にモスクワで亡くなった．その亡くなる前の遺作となったツウェットに関する論文が 1981 年に次のような題で出版された．「M. S. ツウェットの生涯と研究の新しき記録」，この論文の中で新しい写真を 18 枚も載せている．さすがのサコディンスキーも事尽きて，ほとんどツウェット博士と関係のないような写真も数枚見受けられるが，そのやる気には感服させられた．

いずれにしても，この新論文を含めての写真を数えると 60 枚以上のものを載せたことになる．それはツウェットが写真マニアだったのか，サコディンスキーが凄腕の写真探偵員だったのか，知る由もないが，このことが立派なクロマトグラフィーの論文として世に認められ，現実的にも立派なツウェット写真館を建立したようになったのである．

私はある一枚の写真を我田引水でカバンのように見るのだが，研究仲間が見るに，「カバンのようでカバンでない」と 3 人の研究員みんなが言うので，さすがの私もカバンと見るのをあきらめた．しかし，この写真の中から遂にツウェットが大切にしていた“大きなカバン”を見つけ出した．そのカバンが写っている写真（コーヒータイム　p56　写真）は友達とシュリー（M. Sury）教授と若きツウェット博士が椅子に座っているものである（ジュネーブ大学内の植物園の研究所内にて）．“大きなカバン”はツウェット博士のすぐそばの床に置いてあった．

論文の中の写真は暗くて黒くて，ほとんど見えないが，私はこのカバンが「あの大きなカバン」だと思いたかった．確信してジュネーブ大学の植物園，図書館を訪れてツウェット写真集をこの目で見た，通常のコピーよりはかなり鮮明であったがハッキリとは見えない，案内，説明して頂いたピエレ（P. Piere）館長に見ていただいて，“カバンのようである”と同意を頂いた．著者はその日は嬉しくてこの世がばら色に見えた．

この新しきサコディンスキーの論文の内容はツウェットの生涯の追加分と友達への便り，人柄と病気のこと，評価に関することで成り立っている．ここで，その論文の中から同時代の人々，研究者達からのツウェットに対する評価についての文面を載せてみたい．ほぼ直訳的に紹介する．

「ツウェットをよく知っていたり，彼と近づきになった人々は，彼のすばらしい才能，高い知識，賢明さ，モラルの高さに気づき，紳士的なユーモアの持主であったということを認めていた」

ちなみにツウェットのいくつかの便り，ポストカードは現在ジュネーブ大学内の植物園図書室に大切に保管されている，ということがハンガリーのハイス（I. M. HAIS）博士によって調べられている（著者は2001 年の4 月にピエレ氏の案内で実物の書簡をこの手にとる事ができた）．

———*Note*———————————

＊1）この写真を見たい方は「MICHAEL·TSWETT」．K. I. サコディンスキーのページ 8，ページ 30 と 48．著者は原本所持．メール等での問合わせ可－E. ソゼンスキー教授からのプレゼント

(3) 現在もっともツウェット博士の研究に力を入れている学者 L. S. エテレ

次に紹介したいのは，アメリカのエール大学のエテレ（L. S. Ettere）である．上述のロシアのサコディンスキーの後を引き継ぐような感じでツウェットの生い立ちや研究論文の解明に尽力したクロマトグラフィーの学者である．2001年現在も存命で執筆活動に精を出している．彼はハンガリー生まれでハンガリーの大学でクロマトグラフィーの研究をした後，ドイツの大学，企業でクロマトグラフィーの開発に従事した．その後アメリカに移りエール大学で教えながら企業にも貢献している．

彼の当初の論文は紹介ものが多かったが，ここ数年，独自の視点からの考察，論文が増してきている．彼はサコディンスキーの晩年に共同で「M. S. Tswett and the Discovery of Chromatography」という論文を仕上げている．彼はまた，ハイスをも訪れて，これまた晩年に共同で「M. S. Tswett's Correspondence with John Briquet」という論文を仕上げている．そして1975年には，クロマトグラフィーの75年間の記念書『75 Years of chromtography a histry』の編集委員長，コメンテーターになっている．この書の中でツウェット博士の業績を高く評価し，ツウェットを賞讃する小論文を書いている．実はこの小論文の中のツウェット先生の写真が私に面影が似ているということになり，私の筆を元気付けることになったので，この書は私とツウェットを結びつける大きな役割を果した事になった．

エテレのツウェットに関する論評の中で注目に値するのが，ツウェットのクロマトグラフィーに反対した有能な研究者達にスポットをあて，考察した事にある．

ここにその内容を紹介する．

最初の大いなる反対者はポーランドのクラコウ大学で教授をしていたマルコレウスキー（Marchlewskii）であった．彼とツウェットの論争はかなり感情的で，個人的なものも含まれていた．マルコレウスキーは勢い余って“クロマトグラフィーそのものを明らかな間違い—Volkommenflask！”と言い，クロマトグラフィーを“濾紙のフィルターを工夫したくらいでクロロフィル色素の革新者になれると思うでない”と強く堂々と大きな間違いをしていたと紹介している．

これに対してツウェット博士は“マルコレウスキーには文学についての素養，知識が不十分であり，その上に私の論文を注意深く読んでもいない”という反論を紹介している．これは前述の通りである．

ツウェットのロシア時代 1903 年頃の発案であるけれども，正式な論文として「Chromatography」という言葉が現れたのは上述の論文である．この論文はかなりセンセーショナルとなり，新聞記事や科学雑誌に数多く取り上げられた．しかし，その当時の科学界，ドイツを中心とした科学界の偉い学者からは手ひどい非難の矢が放たれた．

その反対者は前述したがマルコレウスキーとモーリッシュであった．この 2 人が反対者の双璧であった．

この反対者とは，研究の内容を巡って文面で批判しあっていたが，時には激しい感情だけのものになることもあった．

後年の調査で分かってきたことであるが，ツウェットは研究者として彼らに応対し，研究，実験に謙虚に向かい合っていたのであった．決して，ツウェット自身が激しい性格ではなかったのである．

続いてエテレはその後の事情を物語風に順序よく次のように紹介している．

「H. モーリッシュは大いに憤り，ツウェットの研究の大いなる反対者となった．この 2 人の論争もかなりヒートアップした．この論争の仲介者として現われたのがプラハの大学で教授をしていたコール（G. Koll）であった．コールはかなり偏見を持っており，モーリッシュの言い分を賞讃し，ツウェットの意見をほとんど無視したのである」

このような論争は，その当時ドイツ科学界の教皇と言われていたウィルシュテーターまで巻き込む事になった．この状況について次のようにエテレは記している．

「ウィルシュテーターはクロロフィル色素の研究で大変骨の折れる研究にさしかかっていた．ツウェットはその同じ時期にクロロフィル色素の化学的，物性的なことを理解していて，分離，精製をクロマトグラフィーを用いて行っていて，ウィルシュテーターのずっと先を進んでいたのである．それで，ツウェットとウィルシュテーターとは根本的な研究の真髄で意見は合わなかった.

しかし，この2人の論争は科学研究のレベルの高いもので，価値は高かった．ツウェットが1901年に書いた論文の中にクロロフィル色素に関する結論を書いていたが，ウィルシュテーターはそれを認めず，1908年にさえ，混合物そのものを単一物質と信じていた.

その後の4年後にやっとウィルシュテーターはツウェットの結果を正しいと認めた．1901年の論文から，11年たった1912年のことであった．歴史とは皮肉なもので，ウィルシュテーターはツウェット博士の理論の正当性を証明しただけであったが，1915年のノーベル化学賞に輝いているのである」

また，エテレは，なぜ，ウィルシュテーターの研究成果をその当時の研究者は受け入れて，ツウェット の研究の支援者とならなかったのかについても言及し次のように述べている.

「ウィルシュテーターは，当時，明らかに，科学者を指導するほどの地位にある大学教授であったこと，研究に用いた技法が従来から用いられている信頼のある方法であった．もう一つはツウェットの成果を認めると自分達の信用していた研究成果を否定するようになることの恐れである」

またエテレは，ツウェットが価値をもっていたものを抜きとる，いわゆる分取クロマト技法についても言及している.

(4) ツウェット博士の紹介者C. デーレーと下郡山正己

ツウェットを語る上で，世界に初めて彼を紹介したC. デーレーを記さずにはいられない．現在はクロマトグラフィーの発明者，創始者としてツウェット博士は再確認され，尊敬の念をもって，専門書に登場するが，その要因は，この書の主題でもある“大きなカバンの存在”とツウェット自身の論文，書き物とツウェットの偉大さを認識して，研究を進めた前項のクロマトグラフィーの学者にあるが，これらに匹敵することとして，C. デーレーによるツウェットに関する初めての紹介文を挙げる事が出来る．もしも，C. デーレーが書かなければ，ツウェットに関する研究は大幅に遅れて，私の研究課題にならなかったやも知れぬ（それを想うと，私にとって空恐ろしい事になっていたように思う）.

デーレーはスイス中東部の町フリースブーク（古都）にあるフリースブーク大学の教授をしていた時の1941年～1943年の間に，ツウェットに関する論文を書いている．実際に正式な論文として“Michel. Tswett”と題してこの世に出したのは，1943年5月23日付けのものであった．

その雑誌はスイスの科学誌『CANDOLLEA X』1943年の11月号で，題名は次のような副題付きのフランス語であった．

> Le ereateur de l'analyse chromatographique par adsorption Sa vie, ses travauux sur les pigments chlorophylliens

C. デーレーは1876年5月5日にパリで生まれている．薬品学を専門に学び，1898年に薬品学で 修士の学位を得，1900年にはソルボンヌ大学の物理学の助手，続いてフリースプール大学（スイス）で助教授となり，1908年には，フリースプール大学の正教授になっている．1909年にはソルボンヌ大学より科学の博士の学位を得ている．彼は長い間フリースプール大学の教授として研究にいそしんだ．退官する1938年まで同大学で活躍した．やはり有名な教授だったので，ジュネーブにもどった時，動物学の研究所の席があけられており，そこで余生を研究にそそぎ込んだ．

彼の専門は生理学的に重要な成分の研究であり，特に，紫外線活用の検出，蛍光を用いる検出に関してその当時トップレベルであった．バイオケミストリーの蛍光的研究も深く進めて，有用物質の分離にも造詣があり，クロマトグラフィーの有用性の価値も早くから認めていて，1911年には2人の学生と共に，クロマトグラフィーを活用した実験を実施している．デーレーはクロマトグラフィーを活用する事により解明出来ると考えていたようである．C. デーレーはスイスでは大変有名だったようで，1973年版のジュネーブ大学植物園の案内書の中にも，M. S. ツウェットを世に紹介したのは，C. デーレーと書いてあるのである．しかし，ツウェットにデーレーは不思議な事に会っていないのである．彼はツウェット博士の親しい友達であったカラペーラ（E. Claparela）には何回も会っているのに，不思議なものである．

次に，日本の科学界にツウェット博士を初めて紹介したのは，東京大学の理学部植物学教室の下郡山正己教授である．彼が紹介した論文は先に記したC.デーレーのものであり，第2次世界大戦の名残が消えかけた昭和23年の9月の事であった（1948年9月）．

その書き出し文章は次のようになっている．

「ようやく，海外の諸学雑誌が日本にも入ってくるようになった．その中の1つに1943年のCANDOLLEAX 11月号にMichel. Tswettと題して出ていたので，ここに私が紹介する」と．その後続いて下郡山教授は，「日本にはツウェットについてあまり知られていないように思うので，この文章によって，ざっと彼の一生と仕事について紹介してみたいと思って筆をとった」と記してある．

下郡山教授はフランス語での題名とは，違う題名で書いている．

この紹介文の内容は主に上述の専門誌の翻訳（フランス語）で下郡山教授のコメントが少しずつ入れてあるものである．そのコメントの1つをここに記してみる．

「今日，我々は純クロロフィルを溶液としてではあるが手に入れる事が出来るようになった．そして事実最初に単離したのが，ツウェットであることを知っている」

ここに目次を列記しておく．

1. Tswettの生涯
2. 葉緑体内の諸色素に関する彼の業績，クロマトグラフ吸着分析法の発見

   2-A，クロロフィルa'とb，2-Bとしてカロチノイド

上述の目次に準じて記してある文章の中で，下郡山教授はツウェットのクロマトグラフィーに対する賞讃の言を散りばめている．

著者がこの学術雑誌を手に入れるのには大変苦労した．ツウェット博士に関する書はなかなか見つからず，上述の書が1948年の『化学の領域　第3巻，第1号』である事が分った．

早速，出版社に問合わせたが，『化学の領域』そのものが5年前に中止となり，もう扱っていないとの事であった．私が「古い書であるが，どうか」と聞いたが，そっけもなく，「それはありません」と断られた．大学の友人（教授）に相談したら，図書館関係なら見つかるかもということなった．幸いにして，愛媛大学の図書館にあることが分り，職員の大いなる親切で手にとり熟読する

事が出来た.

この書以降，日本ではツウェット博士に関するまとまった書は出ていないが，しいて挙げれば『科学の原点6　分析化学』（昭和62年刊）のp144からp167に論文翻訳と小史（上述のC. デーレーのもの）のものがあるくらいである．それ以後では私の拙書が唯一のものであろうと考えている.

(5) ツウェット先生のクロマトグラフィーの価値を一早く認めたリポマー

上述の人達とは別の意味でリポマーはツウェット先生をこの世に押し上げた人物といえる．サコディンスキーやエテレのようにツウェット先生の人物研究に重きをおいたのではなく，“大きなカバン”の中に入っていたと思われる研究メモに関する事で，一早くクロマトグラフィーを研究に活用した学者なのである.

リポマー（T. Lippmaa）はラトビアの首都リガに1892年に生まれた．ラトビアはその当時旧ロシアの一部であったが，現在はバルト海に面した独立国である．彼の青年期直前は第一次世界大戦の影響で現在でもよく知られていない.

彼が22歳の時に戦争は終り落着いた情勢になった．その後，彼は1924年に植物学を専攻して，タルツ大学を卒業した．その年に彼は大学の自然科学誌に論文を提出している．そして植物学の修士の学位を得ている．1926年には博士の学位を同様な形式で得ている．そしてタルツ大学の教授となり，1930年には大学の植物園の園長となっている．不幸にも1944年1月27日に，第二次世界大戦の余波で，植物園の事務所に爆弾が落ちて52年の生涯に幕を閉じた．ここでも，戦争による悪影響が出てしまった.

ツウェット博士のクロマトグラフィーとリポマーのかかわり合いは，やはり，タルツ大学での博士の学位論文の際からで，「赤い植物色素の研究」がその題名であった．その当時，カロチノド，キサントフィルという植物色素はまだ単一成分に精製されてはいなかった.

しかしツウェットはクロマトグラフィーを駆使して，演示実験を通じて，植物色素のいくつかを単離精製していた．しかし，その当時の有力な科学者，ウィルシュテーターは，クロマトグラフィーとそれを用いてのツウェット博士の結果に否定的な意見を持ち活躍していた．

その当時はウィルシュテーターの判断の方が一般的に優勢であった．しかし，リポマーは 1923 年頃から，ツウェットのクロマトグラフィーの価値を認め，植物色素アントシアニンの論文の研究に活用しているのである．

これは，リポマーはその当時の科学界の権威に左右されず自らの判断でクロマトグラフィーを認めた事を意味している．

リポマーもツウェット同様植物学者であったが，植物色素に興味を持ち理化学的にアプローチした学者であった．その後も，彼は 3～4 の論文を書き，植物色素の研究に道を拓くと共に，ツウェット先生のクロマトグラフィーをこの世に拡めるのに大きく貢献した事になった．

コーヒータイム
ツウェット博士の大きなカバンが写っている写真

今年の春，私はイタリアの古都アスティを訪れ，ツウェット先生の生まれたホテル・リアルに宿泊し，アルプス越えで，スイスのジュネーブに列車で入った．そして，翌朝，ツウェット先生の大学院時代の研究の場である植物園へ足を運んだ．ジュネーブ植物園のゲートが開くと同時に，植物園に入った．私はもう気分は学生時代のツウェット先生になったつもりになり，足が地に付かず，浮いた感じがする（思いすぎだと自分でも感じた）．

そして，ツウェット先生の手紙，写真が保管されてある植物園の扉をあけ飛び込んだ．

なんとそこには“マサカの助”が迎えていたのである．マサカの助は，P. ピレット博士であった．彼は“ドクタ，イタル，マンチェスター”と握手を求めてきた．マンチェスターではなくマツシタであったがそんなことは大した事ではなく，私は嬉しくて，手を握った．

彼はなんとツウェット先生に関するものすべてを，彼の大きな机いっぱいに並べてくれていたのである．

そして，彼はツウェット先生のフランス語の手紙を見てゆっくり英訳してくれた．そして彼はツウェット先生の文字がとても美しいと言い，すばらしいよい文章になっていると褒めながら説明してくれた（私はまるで身内のものを褒めてもらったかのように嬉しかった）．

そして，私は勇気を出して，“ツウェット先生は大きなカバンが好きでいつも持ち歩いていたという事を私は文献で調べた．この写真のこれは，大きなカバンではないでしょうか？”と聞いてみた．

その写真はツウェット先生と仲間が写っているもので，机の下，ツウェット先生のすぐそばにあるもので，薄暗く写っている．P. ピレット博士はしばらく見ていた．そして私の目を見て，“あなたにそう見えるのなら，間違いなく，それは大きなカバンでしょう．同意します”と言ってくれた．そして，“もっとはっきり見えるものが地下の写真保管棚にあるかもしれない”と言って微笑んでくれたので，急いで 2 人で地下室に入り，古式写真棚をおろし探したが，恰幅のいい紳士（偉い人々）達のオンパレードが続き，それらしきものはなかった．

探している最中は私はわくわくして無我夢中で探した．とてもよい時間をもったのであるが，カバンがくっきり写っている写真を見つけることが出来ず残念であった．

Le Laboratoire de *Botanique générale* de l'Université de Genève, en 1896.

B. P. G. Hochreutiner candidat au doctorat　John Briquet assistant de botanique　Marc Thury Professeur de botanique　Michel Tswett candidat au doctorat

第5章
ツウェット博士とノーベル賞

(1) ノーベル賞に推薦したC. V. ビゼリンフ教授（フローニンゲン大学）

M. S. ツウェット博士は1918年のノーベル化学賞にノミネートされていた．

ノミネートさせたのは，オランダ北部の古都にあるフローニンゲン大学のビゼリンフ（C. V. Wisselingh）教授であった．

先見の明があったビゼリンフはどんな学者であったのだろうか．オランダでは非常に研究業績が認められていて，1918 年当時ただ 1 人のスウェーデン科学アカデミーに推薦することが出来る外国の研究者であった．

ビゼリンフはオランダ中央部に位置する古都ユトレヒトで 1859 年 7 月 30 日に生まれている．ツウェットよりも 13 歳年上となる彼はオランダ最古の 1 つであるユトレヒト大学の薬学部を卒業している．卒業後，約 30 年間，薬学者として，大学で研究，教育にたずさわっている．その間に次第に植物学の研究にも興味を持ち，より深く，植物学の研究を進めていた．その成果が実り，フローニンゲン大学から植物学の博士号を得ている．

そして，1906 年，ビゼリンフ 47 歳の時に早くも，薬学，毒性学の正教授になっている．この 1906 年とはツウェットが初めて，吸着分離技法にギリシャ語でクロマトグラフィーと名付けた論文を出版した年である．

ビゼリンフはその 10 年後，1916 年にフローニンゲン大学の学長をつとめている．彼は，このフローニンゲン大学で 20 年近く，植物学，薬品学を中心に研究を進めて，オランダの国内外にその名を轟かした．

そして，彼は，大学人，学者として名実共に認められる存在になっていた．

では，なぜツウェット博士の研究，論文に彼は注目し，価値を抱いたのであろうか！

ここで少しビゼリンフの研究内容を繙いてみたい．彼が特に興味を持ったのは細胞学であったが，細胞学に関わるほとんどの事を解明しようと努めていた．

その研究の成果として，いくつかの本を出版しているので紹介してみる．

彼の初期の「細胞壁に関する化学書」，次の「細胞の核酸成分の書」，それに「細胞壁内の浸透圧の書」があり，後年になって食物色素であるカロチノイドの研究も進めて論文を書き，出版している．この植物色素の研究こそがツウェットの研究論文に注目するようになった主要因である．クロマトグラフィーという語源はギリシャ語の色を描くからきている．ツウェットの当社のクロマトグラフィーに関与する研究も植物色素を中心に実験がすすめられていた．

このような関係から，彼らお互いが植物色素の研究に進み，お互いにカロチノイドの分離に興味をもち，いくつかの実験そのものが関係をより近くしたものである．ビゼリンフの研究態度は実直で，自らの専門を尊重すると共にそれにまつわる研究にも興味を持ち，自らの研究レベルを上げるために深く研究するタイプの研究者，学者であった．そのような性格の持ち主だったので，ツウェット博士の論文についても，誠意をもって内容を理解しようとしたのであろう．

ビゼリンフは病気のために，大学の職を退いて，その 2ヶ月後の 1925 年の 11 月 30 日に亡くなった．

彼はフローニンゲン大学と共に生き，大学の教職を去ると共にこの世を去った．私がオランダのワーゲニンゲン大学で 1999 年の秋にクロマトグラフィーの授業を行った際の印象では，オランダには，それぞれの分野で優秀な学問の府があり，それぞれがその事を誇りに思っている感じがある．例えば，水利工学ではデルフト大学，農芸化学ではワーゲニンゲン大学のように！

フローニンゲンの地域性は北部オランダに属し，中央部ワーゲニンゲンからは約 200 km いった所にある．私がワーゲニンゲン大学で教えた時にはツウェットとフローニンゲン大学との関係については，全く予知だにしていなかったので，行くことが出来なかった．

ビゼリンフの葬儀は荘厳に行われ，彼への讃美は自国内外に拡がったと伝えられている．彼は近代的な発想の持ち主で，とても誠実な人柄であったと伝えられている（L. S. エテレの調査より）.

1911 年のいつ頃にビゼリンフがオランダ旅行中のツウェットに会ったのか，我々は知る由もないが，もう少しビゼリンフの書簡が見つけられ，解明されれば分かるかも知れない．しかしながら，彼らはお互いに，その会う前に文通していたことが2人を強く結び付ける要因になっていたと考えられる．

では，なぜ，ツウェットはロシアの研究の場から，はるばる西ヨーロツパの国々へ研究のために出かけていったのであろうか．その当時はドイツを中心とした西欧諸国が科学分野のメッカであった．その理由だけで，ツウェットは研究の旅，実演も含めた旅をしたのではなかろう．また，自らの育った国スイスへの里帰りをメインにした旅のついでに足を延ばしただけでもなかろう．

外国への研究の旅の主要因について，ツウェットの友達ブリケット（P. Briquet），クラペーラ（E. Clapare）の便りとクロマトグラフィーそのものに反論した書簡を調べて考察してみた．

ツウェットの良きワルシャワ時代（1901～1917 年）に彼は度々外国の大学，植物研究所を訪れている．吸着現象を活用してのクロマトグラフィーの発案はロシアのペテルブルグ時代 1899 年頃に映えたものであり，それを熟成していったのは，このワルシャワでの活動時代であった．

1903 年に吸着分離分析法に関して植物色素の分離研究したものを論文としてまとめた．

その 3 年後に，かの有名な文面「Quantitativ bestimmeu Ein solches Praparat nenneichein Chromatogramm und die entsprechende Methode, die chromatographische Methode. Nahere Auskunft daruber werde ich in einer spateren Mitteilung geben.」が出てくる「Physika-chemisch Studien uber das chlorophyll. Die Adsorptionen」という論文が 1903 年に出る事になる．大意はクロマトグラフィー方法とそのクロマトグラムに関してのものである．ここで初めてクロマトグラフィーの名が出てくる．

既に述べたようにクロマトグラフィーに対する評判は良くなかった．この評価を覆すために，ツウェットは精力的に西欧諸国に実験の旅に出かけたのであったが，こうした状況のもとでツウェットを評価したビゼンリフの見識の高さには驚かされる．

ではツウェットのどの点にビゼンリフは大きな魅力を感じたのであろうか．ここでしばらくその考察をしていく事にする．彼はツウェットの手になるクロマトグラフィーそのものを深く理解して，その素晴らしさを認めていたのであろうか？　答えはそうではなかった．

彼は彼の研究の後半の時期に植物色素に興味を持ち，カロチノイドやクロロフィルの研究を盛んに進めていた．その際にロシアの植物色素の研究者ツウェットの論文に興味を持ち，深く読んでそのレベルの高さを十分認めたものであった．それで，彼はツウェットとは植物色素の研究に関して 3～4 回書簡を交換していたと考えられている．

1917 年の 5 月にツウェットはタルツ大学の植物学の教授となっていたので 1917 年の 9 月まで，そこで教えていた．

この事は 1916 年か 1917 年の初め頃までビゼリンフとツウェットは書簡を交換していたと考えられる．彼はこの当時もツウェットを植物学者として接していて，植物色素のクロロフィルの深い研究のすばらしさを，後年に発表した考察の中にも記載していた．その内容は，「ノーベル化学賞に値する研究」としながらもクロマトグラフィーに関する示唆は少ないものであった．確かにツウェット自身の研究論文の数，内容からみても吸着クロマトグラフィーを前面におし出すような書き方をしていないのである．ということでフローニンゲン大学のビゼリンフは植物の色素研究者としてツウェットを大いに認めていたのである．

(2) ノーベル財団の化学部門審査会の評価

1918 年にノーベル化学賞にノミネートされた科学者はかなり多く 15 人を数えた．その 15 人を評価した委員は次の 5 人である．中心人物であり，チェアーマンであったハマーシュタイン（O. Hammerstein），イクストナナ（A. Ekstnana），クラーゼン（P. Klasen），ソデルボイム（H. Soderboiim），ウィッチマン（O. Wichman）．この当時，スウェーデン以外の国から推薦をする事が出来たのは，オランダのフローニンゲン大学のビゼリンフであった．ビゼリンフによって推薦されたツウェットに関するレターの評価はどのように扱われ，審査されたのであろうか．米国のエール大学のL. S. エテレの論文を中心に解釈を行った．

ビゼリンフが提出したレターは1918年1月8日の日付でドイツ語で書かれたものであった．また，スウェーデン王立アカデミーは6日後の14日に受けとっている．その内容の英文を載せる．(L. S. エテレ論文より)

> "In answering your letter of September 17, 1917, I have the honor to inform you that among the researchers who are involved in phytochemical investigations, I would select Professor M. Tswett of Nizhnii Novgorod, formerly of Warsaw, as worthy of considerations for the Chemistry Nobel Prize, on the basis of his investigations on chlorophyll and other pigments." *[1]
>
> 「1917年の9月17日付けのあなたの便りに答えます．私は光合成化学（フォトケミカル）に関する研究を開発した研究者をあなたに紹介することを誇りに思います．私はニズニー・ノブゴルド，一般的にはワルシャワのM. S. ツウェット教授をノーベル化学賞に撰びました．彼の研究の基盤はクロロフィルと他の色素であります」というような意になろうか．

また，ビゼリンフの便りの中に，次のようなことがしたためてあった．

「ツウェットの成果そのものは多くの出版物となり世に知れ渡っており，彼は12の論文と1910年に出版した書物があります．その1910年の書物はロシア語で出版され，彼の成果の主をなすものであります」

そして彼の便りの締めくくりとして，次のように記してあった．

> "The adsorption analysis and chromatographic method imvented by Tswett is very ingenious and is also praised by Willstatter"
>
> 「ツウェットによって発明された吸着分析法とクロマトグラフィック法は誠にすばらしいものであり，R. ウィルシュテーターによっても賞讃

されたもので，ウィルシュテーターによる 1912 年の論文にも引用されている」という意になる．

このような推薦文の評価をする事になったのがチェアーマンでもあったハマーシュタイン（O. Hammerstin）であった．彼は 1918 年の 4 月 1 日に長文の報告書「クロロフィルとその他の色素に関するツウェットの研究」を受けとっている．ここで彼，ハマーシュタインの略歴を記しておこう．

彼は 1841 年スウェーデンのウプサラの近くの町で生まれる．そして大学卒業後ウプサラ大学の薬品化学と物理化学との教授に 1893 年になっている．そして 1901 年～1905 年までウプサラ大学の学長を務めている．彼は 1906 年に大学の職を退いたが，学会関連で大学とは，ひきつづき関係があった．ウィルシュテーターとは 1920 年のノーベル賞での会合で 2 人はあっている．ウプサラ付近で逢っていた．ハマーシュタインは 1905 年にノーベル賞（化学）の評価 委員になり，そして 1926 年までその要職をこなした．彼は 1932 年にウプサラで 91 才の生涯を閉じた．

ハマーシュタインはツウェットの研究を植物色素に関する研究と次のようなカテゴリーに要約 した．それは，植物色素の性質，それらの光学的な探求と違った溶媒における植物色素の動向，それらの検出法，違った化学薬品でのそれらの反応性についてであった．この報告書のなかでは残念な事に，分離に関する詳しい研究内容や純粋な色素に関する事は書いていなかった．そして，ウィルシュテーターの研究と比較しながら論じられていて，特にクロロフィルの色素研究，化学的な事に関してのものが大半をしめていて，クロマトグラフィーそのものについては論じられている箇所が少なかった．

実は推薦者のビゼリンフの報告書 にも，追伸のような感じでクロマトグラフィーのことを一行だけしか書いていなかった．しかし評価委員のハマーシュタインはこの文章，「クロマトグラフィックメソド」を丁寧に読み，熟考して次のように明解に記している．

"Most original and most revered Contribution"

「最もオリジナリティーがあり，最も価値のある貢献である」という意．

そのレポートの中で，炭酸カルシウムシリンダ上でいかに吸着され，いかに色素が分離されたかを要約し，その様子は，まさに種々の色合いのスペクトルバンドを表わしていると書いていた．また，ハマーシュタインはツウェットにより得られた分離のいくつかを例としてあげている．しかし，彼は他の方法にも似たような分離があると書いており，よりにもよって，ツウェット自身，そのものを研究者と認めたくなかったあのマルコレウスキーや反対立場でものを申していたウィルシュテーターの研究をあげていた（けれども事実は，ツウェットの方が演示実験 の優先性があり，また以前にクロロフィルの純粋化，結晶化されていたものは，正確には混合物であると当初から言明していたのもツウェットであった）.

このような理由でツウェットの実験はウィルシュテーターの枝葉の研究ではなかったので比較する必要はなかったけれども，評価する際に比較されたのである．特に使用する溶媒の考え方，精密分析の技法の点で優れていたし，その上にものを取り出す分取技法のクロマトグラフィーの先見性で優れていたのである．1882 年にボロディンという学者がクロロフィルの結晶化したものを作ったが，それを用いてクロマトグラフィーで演示実験を行い，その結果，自然型でなく，変形したものであるということを表わしたのもツウェットであった．そして残念な事にハマーシュタインはクロマトグラフィーの詳しい内容の書，1910 年の出版された書（ツウェットの博士論文になっている書）を読んでいなかったのである．

ということで「しかしながら，ツウェットの研究は溶解してはいないクロロフィルの結晶の起源や自然型に関してはおきざりにしている」とし，そのレポートの評価として結論を次のようにしめくくっている．

> "When comparing the research of Tswett with Willstatter investigations of plant pigments especially chlorophyll,for which he was awarded the 1915 chemistry Nobel prize,it should be obvious that Tswett's investigation on chlorophyll and other pigments cannot be considered for the Nobel prize in chemistry."（スウェーデン語の英訳）

「植物色素の研究，特にクロロフィルの研究に関してウィルシュテーターとツウェットとの研究を比 較すれば，ウィルシュテーターはその業績で 1915 年のノーベル化学賞に輝いている．それで明らかにクロロフィル及びその他の植物色素のツウェットの研究はノーベル賞として考える事は出来ないのである」

このレポートを聞いてディスカッションの後に，その部会メンバーは，このレポートの結論に同意したのである．ノーベル賞委員会の結論を考える時，やはりツウェットとウィルシュテーターとは確実に比較されたのである．ツウェットの方が真実をつかんでいて先見性もあったのであるが，その当時著名であったウィルシュテーターが 2 年前，1915 年のノーベル賞に輝いたので，この比較はツウェットには明らかに不利であった．もう一度ここで，ツウェットの研究者ハイス（I. M. Hais）のことばを記して，この項のしめくくりとしよう．

「ツウェットの手の中にあるクロマトグラフィーは，その当時としては革新的で新規性があり過ぎて，ノーベル賞には値しなかったのであろう」

———*Note*———

＊1）原文英訳については「郷土愛媛と国際社会を考える会」（事務局松山市）の会長及び先生方の協力に感謝します．

(3) ツウェットのクロマトグラフィーの有効活用によりノーベル賞に輝いた人々

ツウェットのクロマトグラフィー発案を期に，クロマトグラフィー上での研究でノーベル賞に輝いた人達について，ここで論じてゆく．クロマトグラフィーそのものの発見（原理，技術，理論）やクロマトグラフィーを有効に活用してのノーベル賞があるので，いくつかに分画して記したいと思う．その良き分画として私が認めている 1973 年の“Tswett and the Nobel prize”ハイス（I. M. Hais）著のものをとり入れて，3 つに区分した．

まず最初に，クロマトグラフィーの進歩に貢献した人達について．カーラー

(P. Karrer), 1937 年化学賞の受賞者, 彼はノーベル賞の受賞記念スピーチで, 次のように述べて, ツウェットを賞讃している.

「今の進んだ生物化学の発展を思う時, 次の 3 人の貢献の大きさは認めなくてはならない. まず吸着分離を有用に用いたウィルシュテーター, 超遠心分離法を開拓したスベドベルグ (Svedverg) とクロマトグラフィーを開発したツウェット, 特に光緑のスペクトルのようにきれいに分離させる技術のクロマトグラフィーは混合物の精密分離に有効なのである……」

1938 年のノーベル化学賞はハイデルベルク大学のクーン (R. Kuhn) に輝いた. 彼はツウェットの 1910 年の書をとても気に入り, 活用した. 活用できたのは, 前項でも登場したツウェットのクロマトグラフィーに懐疑的であった Willstatter 自らがツウェットのこの書を訳していて, その訳本をクーンに渡していたことによる. ツウェットの書, 貢献が彼をノーベル賞に導いたのは間違いないことだ.

1939 年の受賞はルチカ (L. Ruzicka) である. 彼は次のように述べて, クロマトグラフィーを賞讃している.

「ポリテルペンとステロイドの分野でクロマトグラフィーによる分離, 分析のおかげで多大な恩恵を受けているのである」

また 1939 年に同時にノーベル賞を受けたブッターナント (A. Butenandt) は性ホルモンの研究で優れていた. 彼も次のようにクロマトグラフィーを称えている.

「クロマトグラフィーは我々の研究所でも多くの活用をしていたし, その技法は我々の研究を進める上で, 本当にかけがえのないものになっていた」(ベルリンのカイザーウィルヘルム生化学研究所にて). その他にも, 自然の成り行きとして, ツウェットのクロマトグラフィーを活用してノーベル賞に輝いた人達がいる. その人達の名前のみを記しておく.

フォン・ヒュウラー (H. von. Huler), ハンス・フィッシャー (Hans Fisher), リチャード・クーン (Richard Kuhnn), ウィランド (H. Wieland), ビンドウス (A. Windous)

その内で 1 人の例外を挙げると, それはウィルシュテーターである. 彼はツウェットの亡き後に分析のために吸着現象を利用, 活用して研究成果をあげた.

クロロフィルの植物色素の課題を深く言及してゆくことをしないで，1912年に開始したアントシアニンの彼の研究を公表していたが，もし彼がクロマトグラフィーを活用してこれらの精製物が純粋かどうかチェックしていたならば，混合物であるところの色素を単一純粋物とは書かなかったであろう．

次にクロマトグラフィーそのものの進歩に関する研究者として，初めてのノーベル化学賞に輝いたチセリュウス（A. Tiselius）があげられる．彼は1943年の6月に，ハンガリーの化学者，I. M. ハイスに次のようにツウェットのクロマトグラフィーの貢献度について，考えを書き送っている．

「私自身の研究，吸着分析の分野での研究の目的は，ツウェットの方法の改良と有効活用であった．そして我々の研究は液体クロマトグラフィーの原理の上に成り立っていた．溶離液は直接，吸収カラムに微量注入によって流れて，そこで，その濃度が連続的に記録されてゆく．この事は，我々に正確なスケッチ，すなわちカラムの中の分離プロセスについて，理解させるものである．吸着部，溶出部の分析について深く理解することが出来た」

1952年のノーベル化学賞は液－液分配クロマトグラフィーの研究を行ったマーチン（A. J. P. Martin）とシンゲ（R. L. M. Synge）であった．

同年にシンゲとマーチンらが考えていたところのガスクロマトグラフィーの発想はマーチンと英国のジェームズ（James）によって開発された．

ここでシンゲのツウェットのロシア語原文（1910年のツウェットの書）を読んでのステイトメントを記しておきたい．

「ツウェットのこれらの研究を読んでゆくにつれ，現在の吸着物理科学現象における理論的および実験的研究に対する読みの深さに衝撃を覚える．彼は吸着についての役割を果たす箇所の理解を十分にしていただけでなくて，分析目的にも活用していたのである．彼はより極性溶媒や違った溶媒による溶解について，追跡研究を行い，吸着における置き換り効果の研究を詳細に行った．この事に関して，彼は彼が“吸着転換の法則”と呼んだ公式を作った．また彼は液体と液体の分配，分散機構で最終的に起こる相互作用における吸着についても気づいていたのである」

ツウェットの原文はロシア語なので詳細は分かり難いが，1952年のノーベル賞をとったシンゲのステイトメントは価値のあるツウェットの研究の理解文である．

次に第3のカテゴリーになるクロマトグラフィーを研究の道具として活用してノーベル賞に輝いた人々について紹介する．

1950年の生化学分野でのノーベル賞に輝いたライチェスチン（T. Reichstein）は分取クロマトグラフィーを大変有用な研究道具として活用してホルモン研究で成果を挙げた．

同じ仲間として，ノーベル賞に輝いたのは，ヘン（R. S. Hench）とケンダル（E. C. Kendal）である．ライチェスチンの科学への貢献度は大であるけれども，特にクロマトグラフィーの進歩への貢献度としては，ツウェットを世に広めたC. デーレー，アメリカのクロマトグラフィーの草分的な存在のパーマー（L. Palmer），ゼッチェマイスター（L. Zechmester），レーダー（E. Leder），ビンテルステイン（A. Winterstein），クーン，カーラーやステイン（H. H. Stein）等が挙げられる．上述のこれらの人々はクロマトグラフィーの吸着原理を切り拓いた人や，バイオケミストリーにクロマトグラフィーを活用した人々である．

1958年にノーベル賞に輝いたサンガー（F. Sanger）はインシュリンの構造決定の研究で成果を挙げた．特にクロマトグラフィーの応用によってペプチドのシーケンス法を開発し，電極分離の利用でもすばらしい方法を作り，用いた．1961年に光合成における炭素の役割とそのメカニズム研究でカルバン（M. Calvin）はノーベル化学賞に輝いた．

彼の研究の特徴は放射性物質をラベル化することによってペーパークロマトグラフィーにより，いくつかの難しい物質を分離したことである．1972年のノーベル化学賞は次の3人に与えられた．ムーアー（S. Moore），ステイン（W. H. Stein），アンフィンセン（C. Anfinsen）．ムーアーとステインはアミノ酸分析におけるクロマトグラフィーの活用で，このオートメーションによる精密分析法は世界の研究機関に知れわたり，クロマトグラフィーの重要性を再認識させた．アンフィンセンは現在のクロマトグラフィーを新しい技法として確立されたアフィニィティクロマトグラフィー*[1]の創始者である．

このように，M. S. ツウェットの手の中にあったクロマトグラフィーが関与して，多くのノーベル賞受賞が生まれた……ということは，M. S. ツウェットはノーベル賞を遥かにしのぐ人であったと言えるのである．

ちなみに，ツウェットが生涯に残した論文は69でドイツ語が29，ロシア語が23，フランス語が17であった．

———*Note*———

＊1）アフィニィティクロマトグラフィーとは生物学的親和力を活用した吸着性クロマトグラフィーで，分取精製技法として，開発当初から利用されている．特に生体内成分のタンパク質，核酸の分離精製に有効である．

コーヒータイム

ツウェット博士をノーベル賞に推薦したビゼリンフが住んでいたフローニンゲン（オランダ北部）とその大学

フローニンゲン大学はオランダ北部にある古都で，アムステルダムから特急列車で2時間の所にある．ドイツとも近く，学究間では昔からドイツとの関係が深く続いていた．

フローニンゲン大学の設立はオランダで第2番目の古さで，1614年である（ちなみに，オランダ最古はユトレヒト大学である）．

現在フローニンゲン大学は6学部以上，7ヶ所以上の付属研究所を持つ総合的な大学になっている．大学本部の建物はネオクラシックの優雅なたたずまいで，フローニンゲンのシンボルになっている．フローニンゲンの町並は今でも中世をしのばせていて，大学を中心にして街は広がっている．その中心部に大学センタービルがあり，すぐそばに大学図書館が並んでいる．人口は現在18万人程度である．

ツウェットをノーベル賞に推薦したビゼリンフはこの由緒あるフローニンゲン大学の有名教授となり，学長も経験していて，市民に惜しまれながら世を去った．

ツウェット博士が40～42歳頃にビゼリンフに逢っているとすれば，この美しい中世の町か，ドイツのどこかの町であろう．その証拠を私はまだつかんでいない．

ツウェット博士の方がビゼリンフ博士よりも，西ヨーロッパの都市を廻って，演示実験を行った回数が多いと思うので，この町で逢った可能性が高い．

私は現在，この大学の科学史の学者K. V. ベルケル氏と連絡を取り，ツウェット先生との関係を解明しようとして便りを送った所である．

解明が進めばオランダ北部の町フローニンゲンを訪れたいものである（私は以前にオランダ中部の大学ワーゲニンゲンを研究で訪れたことがある）．

The historical main building
of the university of Groningen.

第6章
ツウェットの最盛期の論文

(1) クロロフィルに関する物理化学的研究．吸着

Physikalisch-chemishe Studien uber das Chrorophyll. Die Adosoeption.*1

すでに以前から知られている事実であるが，クロロフィルの溶剤として有効な種々の有機的液体は，葉から葉緑素を抽出するのに適しているが，その量は非常に異なっている．アルコールやエーテルは濃緑食のエキスを高濃度で抽出するが，他の溶剤―アリファテ系やチクリ系の炭化水素や二硫化炭素など―は，乾燥材料が抽出に使われるとしても，クロロフィルがずっと少ない黄色のエキスの方を多く抽出する．この点で最も特徴的なのは石油エーテルや石油ベンジンであって，それらは，新鮮な葉あるいは低温乾燥の葉と組み合わされると，大抵は多かれ少なかれ真黄色の，カロチンで着色されたエキスを抽出するが，周知の如くアルナウド（Arnaud　1885）はこの特性に基づいて，葉からこの色素を析出する方法を根拠づけた．

もし融合クロロフィルが，一般に想定されているように，石油エーテルから完全かつ充分に溶けるならば，なぜそれは，今挙げた溶剤によっては，新鮮な葉や乾燥された葉からは得られないのか？　なぜ黄色い成分だけが析出されるのか？

クロロフィル組織の物理学的構造や化学的組成は何かという問いにとって決して無益ではないこの問題は，しかし今までは解決されていない．クロロフィル誘導体の化学の輝かしい発展のために，生理学的にはるかに興味深い多くの問題が忘れられてきた．われわれが取り組んでいるこれらの現象に注目した数少ない研究者は，互いに矛盾する種々の説明を提案したが，そのなかのどれも，広範な実験的基盤の上に立つものとは言えない．

ビゼナー（Wiesner 1874）が恐らく，ベンゾールやトルオールやテルペンチンや二硫化炭素がクロロフィル溶剤として普通とは異なる特性を有していることについて報告した最初の人であった．この優れたウィーンの生理学者は同時に，緑の組織は，ベンゾール等で直接に処理されると黄色の弱い蛍光を発する溶液にしかならないのに，それがアルコールで浸潤されると同じ溶剤にすばらしく溶解するという観察をした．

ビゼナーは，このことを原形質はベンゾールには透過せず，だからクロロフィルはこの溶剤には受け入れられないというふうに説明している．そこでアルコールが原形質をベンゾールにとって透過可能にすると言うのである．

同じ観察を後にサチゼ（Sachsse 1877）が行った．「ベンゾールを二硫化炭素とエーテル油は」と彼は注釈しているが「水に溶けない，あるいはほとんど溶けないので，上述の処置は（材料をアルコールで浸すこと），これらの溶剤に，そこに含まれる水を抑制することによってクロロフィル粒子への通行を可能にする目的しかもっていない．完全に乾いた植物中ならば，恐らく葉緑素の溶解は，上述の溶剤によって，アルコールと同じように起こるであろう．

カールクラウズ（Karlkraus 1875）も同じように，ベンジンは新鮮な葉あるいは乾いた葉からは極少量のクロロフィルしか溶かさないと述べている．「純粋クロロフィルは，だからベンジンには溶けない．アルコールによって抽出されたクロロフィルが（グレゴール＝クラウス分解法で）ベンジンに溶けることが説明される場合は，それは，アルコールの影響によるものとその色素の化学変化を意味している．

アモウドは，石油エーテルによる葉緑素の選択的抽出は（乾いた素材から），一種の透析によって説明できると思ったが，その際カロチンは遊離して浸透するが，「緑の成分」は，前以て細胞液の中で溶かされたタンパク質によって一種の染色過程に従って残留するのである．

カールクラウズと同じようなこの事柄の化学的解釈は，またマン（Mann 1891）やモンヤベルデ（Monyeverde 1893）にも見られる．後者は，アルコールに修正（変更）因子を見て取り，純粋「クロロフィル」と思われる緑のボロディン結晶が石油ベンジン（石油エーテル）には溶けないという事実に，自分の意見の拠り所を求めようとしている．

われわれの問題に関係する文献の列挙はここまでにしよう．私がこの問題の実験的処理に着手したことによって，まず最初に，葉緑素に及ぼす種々の不定の有機溶剤の作用を本来的により精密に検証することができた．

利用した多くの材料の中では，特に Plantago 種と Lamium album が推奨できるものと説明された．Lamium 葉の柔らかさとその組織液の大体において全般的な中立性（中性性？）がその葉を極めて好都合な材料にしてくれる．

葉緑系に対する反応に応じて，試験された溶剤は3つのグループに分けられる．

1．アルコール類（メチル，エチル，アミル），アセトン，アセトアルデヒド，エーテル，クロロフォルム．

これらの溶剤は，新しい（すりつぶされた）葉や乾いた葉に作用すると，すべての色素を同じように多く溶かす．

2．石油エーテルと石油ベンジン．

砂あるいは金剛砂で細かくすりつぶされ，溶剤の中で更に細かくすりつぶされた新鮮な葉は，多かれ少なかれ真黄の抽出物をもたらすが，それらは主としてカロチンに染色されているが，しかしまた少量の他の色素をも含んでいる．カロチンは，この方法で完全に抽出できる．乾燥葉（低温で！）は，同じように溶剤にカロチンを溶かし，しかも少しばかり純粋な状態で溶かす．しかし煮沸した組織あるいは，高温でのみ温められた組織は，上述の溶剤ですりつぶされると，緑の抽出物を作り出すが，その説明は以下にすることになろう．

3．ベンゾール，キシロール，トルオール，二硫化炭素．

これらは，葉緑素に対する作用では，最初の2つのグループの溶剤の中間に位置している．

すでに述べたように，石油エーテルによっては，カロチンの他にごく少量の他の色素が溶けるだけである．しかし，充分着色した美しい緑の溶液をすぐに得るには，この溶剤に少しのアルコールを添加すれば充分である．アセトンやエーテルは同じような作用を持つ．

アルコール含有の石油エーテルではすべてのクロロフィルが抽出できる．アルコールの「溶かす」作用は何に基づくのか？　純粋石油エーテルによってクロロフィルの一つの成分であるカロチンが極めてうまく抽出されるのだから，この溶剤がクロロフィルに作用するとは考えられない．アルコールの化学的作用は，以下の実験から明らかなように，ここでは除外される．新鮮葉は金剛砂ですりつぶされ，それで得られたかゆ状のものが約 40%のアルコールと混合される．この材料がすぐに石油エーテルで処理されると，緑の溶液が得られるが，しかし 45℃で乾燥されると，石油エーテルでは普通のカロチン溶液しか得られない．だからアルコールは単にその存在によって，化学的ではなく物理的に作用していなければならない．そして事実，アルコールによって抽出され，純粋石油エーテルに明らかに溶けるこれらの色素は，新たに，この溶剤には溶けなくすることができるのである．

これに関する私の最初の実験は（1901.Ⅲ）以下のようにされた．クロロフィルのアルコール――石油エーテル溶液がフラスコに注入され，数枚のフィルター紙で濾過され，その溶剤が真空分留されたが，そのとき色素が紙に吸収される．この乾いた緑の紙は溶剤に対しては，緑の葉と全く同じように反応し，純粋石油エーテルはカロチンしか受け入れないが，アルコールを添加すると，この紙はすぐに脱色するのである．

本論の最初で言及し，これまでは謎であった現象は，それ故に，色素の吸着，つまり材料の chlrplastenstrama に対する機械的で分子的な親和性に基づくものであり，その親和性は，アルコールやエーテルでは生じるが，石油炭化水素では生じないのだ．しかし色素が分子力の作用領域から離れると――例えば組織を煮沸したり熱したりする時のように――この時は周知のように chloroplasten から緑色の小滴が生じる（cf. ツウェット　1900），色素は簡単に石油エーテルに溶け，濃緑の抽出物が得られる．

以前述べたように，クロロフィルは，顕微鏡で特定できる Grana の形では，chloroplasten に沈積させることはできないが，Grana それ自体は，吸着作用を有する溶けない気質をもっているに違いないだろう（もっていなければならないだろう）．とは言え，Grana 理論は，mikrographisch でも充分根拠づけられてはいない．上述したように，濾過紙に吸収されたクロロフィルを吸着し，細かい粉末状の状態で適用されると，その石油エーテルを，部分的にあるいは完全に脱色する（ツウェット　1903）．私はこの点では，化学組織の異なるいろいろなグループに属する 100 以上もの物質を調べ，常に原理的には同じ結果を得た．試験された物体の概要をここに簡単に挙げる．

単体；酸化物；水酸化物；無機塩化物；塩素酸塩；臭化カリウム；Kaliumjodat；硝酸塩；燐酸塩；硫化物；亜硫酸塩；硫酸塩．最後にいくつかの化学的に特定できない物質（骨炭と血炭，畑の土壌，珪藻土）．

上述の物質のいくつかはまた，カロチンをその石油エーテル溶液から取り去ることができる（略）．多くの物体は，それらが吸着した色素に対して分解作用を行う．例えばいくつかの物体は（略）明らかに酸化作用によってクロロフィリンに作用する．それらは最初はもちろん上述の大抵の酸であり，酸性塩と多くの中性塩であるが，しかしそれらの水溶液は，加水分解では酸性反応をする．ここは，これらの化学作用の方法をこれ以上詳細に論じる場ではない．しかし，吸着実験の方法論とその分析的応用についてはもっと詳しく論じるべきである．クロロフィルの石油エーテル溶液を作り出すためには，次の方法がもっともよい．新鮮な葉（最もよいのは Lamium）をすり鉢の中で金剛砂をすりつぶし，次にアルコール含有の石油エーテル（10 pCt.）で抽出する．緑の溶液を，2 倍の量の水を使い，分液漏斗の中で絶えずかき混ぜながら何度か洗浄する．

アルコールは，石油エーテルに対してよりは大きな溶液親和性をもっている（溶ける度合が大きい）から，それはこの方法で実際的に完全にクロロフィル溶液から取り除くことができる．この洗浄され，普通は少し暗緑色をしている溶液は，今度は遠心分離法あるいは濾過法によって清められると，吸着実験に適することになる．

最適の吸着材としては，沈殿したカルシウムカーボネイトやイヌリンやサッカロース（砂糖粉末）が推奨できる．

さて石油エーテルのクロロフィル溶液が吸着剤と共に振動させられると，吸着剤は色素を取り去るが，吸着剤を少し過剰にすると，吸着されないカロチンだけが溶液の中に残る．このようにして緑の沈殿物と真黄の，蛍光を発しないカロチン溶液が得られる（蛍光の受光は私の Luminaskop2（蛍光測定器）[略]）．このカロチン溶液は，スペクトルでは 492～475 と 460～445 $\mu\mu$ の Absorptionsbäunder（吸着帯）を示す．それが 80％のアルコールで振出されると，アルコール性−水性の下層は完全に無色になる．

緑の沈殿物は，フィルターにかけられ，最後まで残ったカロチンを除去するために，石油エーテルで入念に洗浄される．濾別する黄色の液体は，今のところは（瞬時に）骨炭で修復できる．今やその沈殿物は，アルコール含有の石油エーテルで処理されるが，沈殿物はその中で完全に脱色し，きれいな緑の溶液が得られ，それはクラウス（Kuraus）に倣って（クラウス法によって）80％のアルコールで分解できる．青緑色に染色した石油エーテルの層は主にクロロフィリンを含み，下部の黄色い層には，主にキサントフィルが含まれている．

クロロフィルの石油エーテル溶液に，吸着が大量ではなく少量ずつ，蛍光が消えるまで加えられると，その時溶液には，カロチンのほかにキサントフィルも残る．それらは，抽出した溶液を再び吸着剤で処理し，アルコール含有の石油エーテルを使って色素をそして生じる吸着結合から開放することによって，カロチンから分離できる．こうして得られたキサントフィルの混合液は，480～470 および 452～450 $\mu\mu$ のスペクトル吸着を示す．それが 80％のアルコールで振られると，色素はほとんど完全にアルコール層に残る．

われわれが取り組んでいる吸着現象の物理的考察は，別のところでされるだろう．しかしもうここで幾つかの関係する法則とそれに基づく応用とに言及しておきたい．ある色素で飽和した吸着剤は，他の色素からもある程度の量を受け入れて吸着できる．しかしその際置換も生じる．例えばキサントフィルはクロロフィリンによってその吸着結合から部分的に排除される．しかしその逆はない．何らかの吸着系列というものがあり，それに従って物質は相互に置換できるのである．この法則に以下の重要な応用が基づいている．石油エーテルのクロロフィル溶液が，柱状の吸着剤で濾過されると（私は主に Caluciumcarbonat を使うが，それは狭いガラス管の中でしっかり押し固められる)，色素は吸着系列に従って上から下に向かって異なる染色層を成して別々に沈殿するが，それはより強く吸着された色素がそれより弱くて取り残された色素を更に下へと押しやるからである．この分離は，色素溶液を吸着柱に透過させて純粋な溶剤の流れをつくり出せば，実際的に完全なものとなる．スペクトルの中の光線のように，Caluciumcarbonat 柱の中では，色素混合体の種々の成分が規則的に分離され，そこでは質的にも量的にも決定することができる．このような標本（プレパラート）を私はクロマトグラム（色彩図表）と呼び，それに相当する方法をクロマトグラフィーと呼ぶ*[2]．これに関するもっと詳しい情報は後の報告で提供するつもりである．この方法は，その原理およびそのすばらしい効能においては，所詮毛管分析とは何の関係もないこと，ここで主張しておいても多分余計なことではないだろう．

われわれはこれまで，石油エーテル溶液からのクロロフィル色素の吸着だけを見てきた．しかし吸着は，Benzol- や Xylol- や Toluol- や二硫化炭素の溶液でも起こる．ベンゾールからは，確かにほとんどクロロフィリンだけしか吸着されず，しかもその度合は石油エーテルの場合よりはるかに低い．しかし CS_2 からの吸着は強力に起こる．そしてそれに相応するクロロフィル溶液は，すりつぶした葉を純粋溶剤で処理することによって簡単に作り出せるが，吸着実験に，特にクロマトグラフィー分析に，すばらしく適している．種々の色素の層は，CS_2 では，石油エーテルの場合よりずっと輝きを発する飽和した色を有し，そして特にキサントフィルは，そこでは極めてはっきりと相互に分かれている．カロチンはピンク色の溶液となって透過する．

当然のことだが，上述の吸着現象は，クロロフィル色素だけに特有のものではなく，すべての有色あるいは無色の化学化合物も同じ法則に従っていることは想定できる．私はこれまでにLecithin，Prodigionson，Sudan，Cyanis，Solanorubin および Chlorophylline の酸誘導体を調べ，有効な結果を得た．

ワルシャワ大学付属植物生理学研究所

M. Tswett*[3]

Note

*1）この論文は1901年の「The Physico-Chemical structure of the chlorophylls」を源として発してきたもので，1906年にドイツの植物学会誌『Deutch. Bot. Gesel.』24. s316 に出されたものである．彼自身による発案，発見に彼自身がクロマトグラム，クロマトグラフィーと名付けた画期的な論文であり，彼の自信作でもあった．

*2）ツウェットが名付けた後，各々の研究論文・雑誌ではしばらく様々な呼び名が登場した．

1. Tswettanalysis　2. Tswettsorle-analysis　3. Sortion analysis
4. likmisis ツウェット自身は　1. chromatographic　2. Adosorption analysis　3. Adsorption chromatographyie

*3) 論文等の名はTswettが多いが，ツウェット自身がイタリア，スイス，ロシア，ポーランドと研究する場を移動したので，各国によって名の表示が次ぎのように異なっている．

フランス→Michel Tswett　ドイツ→M. S. Tswett

ロシア→UBER MNXAИЛCEMë

英語圏→Michail Semenouich Tswett（M. S. Tswett）

ポーランド→Michely. S. CWIET TSWETT

(2) 吸着分析とクロマトグラフ法　クロロフィルの化学への応用

Adsorptionsanalyse und chromatographische Methode. Anwendung auf die Chemie des Chlorophylls*1

前報において，著者は，クロロフィル色素がその石油エーテルまたは二硫化炭素溶液から固体によって著しく吸着されることを報告した．その際，分別吸着により，例えばカロチンの定量的分離のような，重要な分離が行えることを例示した．本法のさらに広範な応用についてはひき続き発表する予定である．本報では，さらに簡便な第2の吸着分析法で，著者がクロマトグラフ法と名付けた方法について詳しく説明したい．ついでに，毛管分析法について言及し，その本質と実用性を今回の新しい方法と比較する．

原　理

石油エーテル，ベンゼン，キシレン，四塩化炭素，二硫化炭素に可溶な多数の色素（もちろん無色の化合物も含めて）は，粒子の表面に吸着濃縮される．溶媒と“吸着剤”との間の溶質の分配は，他の多くの吸着の場合に知られているように（たとえば，ファン・ベンメレ（van Bemmelen）の文献参照）ヘンリー（Henry）の法則に従わず，分配係数は濃度に依存する．また，溶質と溶媒の種類によって溶出させることができなくなり，被解離性の吸着化合物が生成したことを示唆するようになる．

吸着剤は，このように固定されてしまった溶質のほかに，さらに余分の溶質を補足することができるが，その分についてはおそらくヘンリーの法則が成り立つものと考えられる．しかし，この余分の“吸着物質”は純溶媒により完全に溶出させることができる．吸着化合物からは，吸着物質をアルコール，エーテル，アセトン，クロロホルムを用いるか，あるいはこれらの溶媒を前述の溶媒に添加することによって取り出すことができる．ある物質で飽和吸着された吸着剤が，別の第2の物質を少量置換吸着して補足することはある．ある物質Bが，その吸着化合物から，ある物質Aによって溶出することはあるが，その逆はできない．すなわち，物質が置換されるときの“吸着順列”というものがあり，それは溶媒の種類に依存しているのである．

以上に述べたことから，われわれは，ある混合物の溶液（たとえば，クロロフィルのCS_2溶液）を吸着剤のカラムに通すと，色素は吸着されながら下降し，吸着順列に従って，流れの方向に，互いにその位置を占めることを知るのである．用いた吸着剤との間に非解離性の吸着化合物をつくらないような物質は遅かれ早かれカラムを通り抜けるから，引き続き純溶媒を通すことによって，明らかに溶質の分離をさらに完全にすることができる．ある溶媒柱で 2 つの物質の吸着順列が同じになることも考えられる．しかし，2 物質の相対的な濃度差があれば混合吸着体が 1 本になることはおそらく避けられる．さらに，2 つの物質がすべての溶媒について同じ吸着性を示すことは考えられない．それで，たとえ物質の数だけ吸着体が現れても，ある吸着体が絶対に純粋であるとは限らず，吸着体から物質を抽出し，再び吸着を繰り返すことによって希望する純度にもっていくことが期待される．

以上のことから，ある溶媒に可溶な物質を，機械的親和力の法則を用いて，極めて完全に，物理的に分離できることが理解されるのである．

クロマトグラフの装置

ある色素溶液の組成を数分間で判定するには，図 6-1 に示した装置が適している．

マノメーター M をつないだ $3l$ の瓶は，圧力貯蔵タンクの用をなし，ゴム球 P を働かせ，管 D を通してある空気圧を与えることができる．ピンチコック Q により，P は装置の本体と空気圧が断たれている．管 D は圧力分配器の役目をし，数個の枝管がついており，それに各濾過装置が固定されるようになっている．図 6-2 はこの種の濾過装置を示す．これは円筒形または水がめ型の保持部 r を有し，ガラス管 f（長さ 30～40 mm，径 2～3 mm）がついている．流出管 f の下端は少しまるめて出口が狭められ，上部に詰められた吸着剤を支えている．濾過管は，固定用ゴム栓，これに差し込まれたガラス管およびゴム管と，適宜取りはずしができるように圧力分配管 D に連結されている（図 6-3）．ピンチコック q は各濾過管を装置から遮断する役目をする．

以上に述べた装置は，少量の色素溶液をすばやく分離する目的には極めて適している．しかし，もっと多量の色素を吸着化合物として取り出し，さらに各色素を研究するには，別の装置を用いた方がよい．それにはもっと大型の吸着濾過管（径 10～20 mm）が用いられ，図 6-4 に示すように，耐圧瓶の口に取り付ける．

操作法

吸着剤としては，用いる溶媒に不溶な粉体なら何でも使用できる．しかし，吸着される物質に化学的影響を及ぼさないような物質はあまり多くないので，分析者は一般に化学的に不活性で，しかもなるべく細かい粒にできるような物質を選ぶことになる．あまり吸着力の強い物質は，吸着分離をするのに非常に多

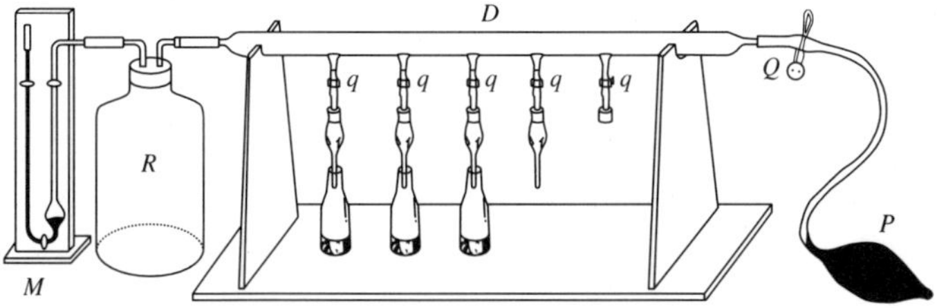

図 6-1

図 6-2

図 6-3

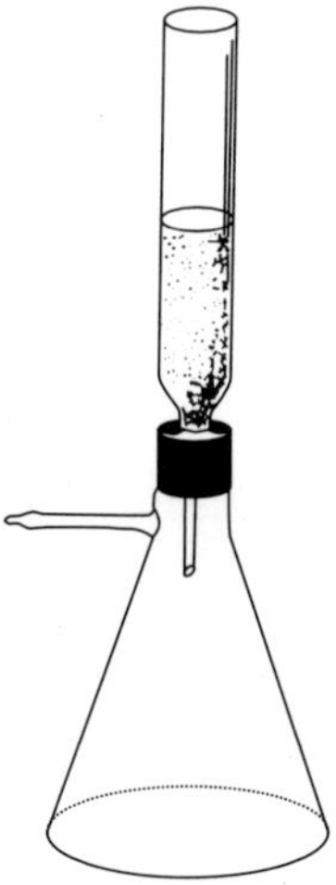

図 6-4

量の色素が必要になるので，避けたほうがよい．粒子の細かさは極めて重要である．粒の大きい吸着剤を用いると，毛細間隔が大き過ぎ，吸着や拡散が妨げられ，ぼやけたクロマトグラムを生ずる．吸着剤としては，さしあたり，一番きれいなクロマトグラムを与える沈降性 $CaCO_3$ を推奨したい．シュクロース（ショ糖）も，かなり容易に必要な粒度にすることができ，化学的不活性の点でも最高の保証を与えることができる．特別な目的には，化学的に（加水分解，還元，酸化）処理した吸着剤を選ぶこともある．これについては別に述べる．

その吸着力を十分に発揮させ，また内部に吸着物質が規則正しく拡散していくようにするには，吸着剤はできるだけ乾燥していなければならない．著者がよく使う $CaCO_3$ の場合は，150℃で 2 時間乾燥し，密栓を容器に貯えることにしている．

吸着管の底部に，まず綿栓を厚く押しつけ，これに吸着剤の粉末を入れ，適当なガラスまたは骨製の棒を使って注意して固く押しつける．吸着相が均一な詰まり方をしていることが極めて重要で，さもないと，いろいろな吸着帯が非常に不規則に形成され，機械的に取り出すことが大変困難になる．吸着柱が望む高さ*[2] に達したら――著者は大抵の場合，小型濾過管で 20～30 mm，大型では 40～50 mm を用いている――第 2 の綿栓を押し付け，後で使う溶媒をごく少量加えて吸着相に浸に通らせる．綿栓はその後で取り除く．

このように溶媒が浸み込んでいないと，続いて溶媒を加えるとき吸着相粉末の上層部が盛り上がってしまうことがよくある――おそらく，濡れに際して起こるプイエ（Pouillet）熱（吸着熱のこと）の作用によるものであろう――そのためにその下に気泡ができ，それがクロマトグラフィーの規則正しい進行を妨げることになる．

試料溶液の濾過には，大型の吸着管を使用する場合，著者は水流ポンプを一杯に働かせて，250～300 mm の加圧下で行っている．ある量の液体を浸み通らせると，溶媒の規則正しい流れができるが，その際，各吸着帯はやや広がり，最終的には最高の分離が達成される．すなわち，非吸収物質は完全に流出し，また用いた粉末と明らかに解離性の吸着化合物をつくる物質は環をなしてゆっくり下降し，濾過管の末端から次々に分取される．

クロマトグラムの各吸着帯（これは一般に着色物質に対していうのであるが）

がはっきり分離すれば，加圧または減圧により試料溶液から過剰の溶媒を除き，溶出させずに管から突き出し，ナイフを用い目的に応じて分割することができる．

クロロフィル分析への応用

植物の葉の緑色の色素であるクロロフィルは，よく知られているように色素の混合物であり，その複雑なことは，さまざまな研究者によっていろいろと指摘されてきた．この複雑さの程度を決定的に確認するため，クロマトグラフ分析法を起用した．この分析法と他の方法との関係は，物体の色を分析するのにスペクトルを利用するのと色ガラスを用いる関係に似ている．使用できる溶液を調整するには，次のような操作が適当である．

1. 細かい金剛砂と混ぜてすりつぶし，少量の MgO または $CaCO_3$ で中和した試料をアルコールを含んだ石油エーテル（1：10）で抽出，蒸留水で注意して洗ってアルコールを除く．この水洗いは特に徹底して行われなければならない．さもないと，残留した痕跡のアルコール（および水）が吸着剤粒子の表面に特殊な相を形成し，クロマトグラムがはっきりしなくなる．
2. まず，2，3 分間水と煮沸した葉をすりつぶし，純石油エーテルで抽出する．その際，幾らか分解生成物が生じる．
3. すりつぶして，中和した葉を，アルコール，アセトン，エーテルまたはクロロホルムで抽出する．溶媒を真空で留去し，残物を石油エーテルまたは CS_2 に溶解する．そのとき，化学的分解を防ぐのは難しい．色素をアルコール溶液から（水を加えて）石油エーテル相に移すこともできる．続いて水洗いを行う．

いうまでもなく，クロマトグラフィーはなるべく光を遮断して操作すべきで，C_6H_6 または CS_2 溶液を扱うときには特にそうする必要がある．CS_2 溶液から得られるクロマトグラムは次のような形状を呈する．

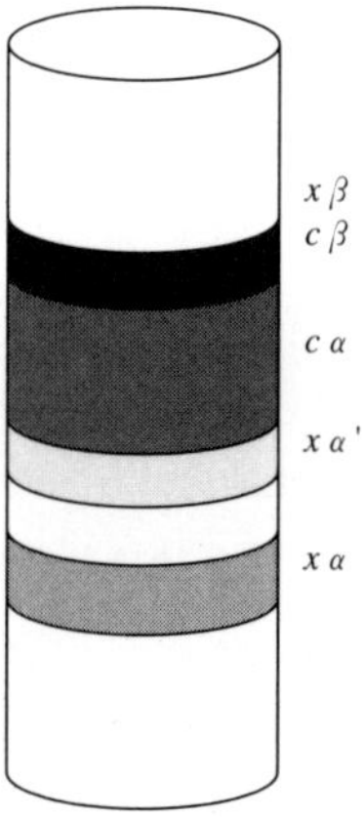

図6-5

吸着帯Ⅰ（最上位）

無色．この吸着帯に保持されている物質（または混合物）はクラウス（Kraus）の分離では“下層帯”に含まれる（主として，もっと下の層に存在する）．

吸着帯Ⅱ

次の吸着帯との分離は特に明確ではない．キサントフィルβのため黄色．この色素は，クラウスの分離では下層帯に含まれている．アルコール溶液の特徴的な吸収帯：475～462 および 445～430 $\mu\mu$（nmのこと）．アルコール溶液は少量の HCL で速やかに青変する．この色素は，クロマトグラムをそのままアルコール 1%を含む石油エーテルで溶離すると，他のものから分離することができる．キサントフィルβ以外のすべての色素は速やかに流れ出し，キサントフィルβは 10%アルコール－石油エーテルで容易に遊離する．

吸着帯Ⅲ

暗オリーブ緑，クロロフィリンβ．クラウスの分離では“上層帯”．石油エーテル溶液の主要な吸収 450～465 $\mu\mu$はアルコール溶液中で 460～475 $\mu\mu$に移動する．なお，強さの順に，第 2 吸収帯 640～650 $\mu\mu$（石油エーテル柱），第3吸収帯580～600 $\mu\mu$がある．

クロロフィリンβはすでにソルビー（Sorby）が発見しており，2，3 の近年の報告者が誤り伝えているが，マルクレウスキー（Marchlewski）およびシュンク（C. A. Schunck）が発見したものではない．クラウス法を用いて研究したザクセ（Sachsse）もまたこのクロロフィリンの赤色部の吸収帯に気づいていたが，キサントフィルに帰属している．私自身はソルビーの実験を 1901 年に検討したが，ソルビーの実験ならびにハートレー（Hartley）の化学的処理を繰り返したに過ぎず，しかも彼らの扱った物質は十分純粋なものではなく，スペクトルの青菫色部におけるクロロフィリンαとβの実際の吸収関係を見落としていたため，ソルビーの実験に関しては失敗に終っている．

クロロフィリンβに関して第2の決定的な誤りは，この色素が相対的に極めて少量しか存在しておらず，粗製のクロロフィル溶液の吸収スペクトルには目立った影響を与えていないということである．著者のクロマトグラムを一見すれば，クロロフィリン β はクロロフィリン α を少しも伴っていないことがわかる．一方，クロロフィル溶液のスペクトルの青菫領域における第 1 吸収帯はまさしく主としてクロロフィリン β に由来するものであり，このことはプライヤー（Preyer）のアルカリ試験およびハーゲンバッハ（Hagenbach）の見事な蛍光実験からも結論できる．アルコール中でクロロフィリン β の青い吸収帯が 460～475 $\mu\mu$ に存在すれば，生の葉では F 線に該当すると考えられる．そして，エンゲルマン（Engelmann）により，また最近ではコール（Kohl）によって確認された F 線際の第 2 の同化極大は，カロチンではなく，この色素に帰属することができる．

吸着帯Ⅳ

暗青緑色．クロロフィリン α（ソルビーの青いクロロフィル）に起因する．キサントフィル α が少量混在するが，クラウスの方法で除くことができる．クラウスの上層吸着帯，青の領域に吸収はないが，440～430 $\mu\mu$（石油エーテル）に吸収帯があり，第 2 の吸収帯はスペクトルの菫色部の末端にある．スペクトルの左半分の吸収は，一般に知られているものである．1873 年ソルビーによって，初めて十分に純粋に得られた．著者は 1900 年に結晶を得た．著者の結晶をフィロシアニンであろうとしたツァペク（Czapek）の記述はまったく根拠のないことである．フィロシアニンは，よく知られているように，HCL 溶液中でのみ青色であり，アルコール，エーテル，石油エーテル中ではクロロフィランのスペクトルを示す．クロロフィル中には緑色成分が存在しているはずであるという先入観がいかに根深いかということは注目すべきことである．

吸着帯Ⅴ　黄色（キサントフィル α'および α''）

吸着帯Ⅵ　無色

吸着帯Ⅶ　橙黄色（キサントフィル α）

吸着帯Ⅵが無色の物質によるものか，またはⅦの移動力（前述の原理の部参照）によって生じたものか，さしあたり何ともいえない．クロマトグラムに C_6H_6 を硫加させると吸着帯Ⅶは速やかに降下し，漏斗の出口で捕捉される．

しかし，吸着帯はゆっくり移動しながら2つの輪に分れる．したがって，この中には2物質が混在する．これらすべてのキサントフィルに対して，私は文字αにダッシュをつけて表すことを提案したい．キサントフィルαの最初の2つのよく目立っている吸収帯は485～470および455～440$\mu\mu$（アルコールまたは石油エーテル）に存在する．キサントフィルα'およびα''の吸収帯は，ごくわずか紫外線部へシフトしている．

キサントフィルαは下層吸着性で，そのアルコール溶液は少量のHCLにより青変せず，脱色する．

クロマトグラフィーにかけたクロロフィル溶液が酸に触れると，クロマトグラムにさらに吸着帯Ⅷが認められる．これは灰色で，C_6H_6によって速やかに流出し，クロロフィリンαの誘導体（クロロフィランα）によるものと考えられる．最後に，クロマトグラフィの時通じた液体（われわれの場合はCS_2）がカロチンのため橙赤色を呈することが認められる．カロチンは典型的な上層吸着性であり，そのアルコール溶液は濃HCLによっても青変しない．CS_2溶液のスペクトルバンドは525～510，490～472およびきわめて弱い460～455$\mu\mu$の吸収帯．石油エーテル中では，最初の吸収帯は492～475および460～445$\mu\mu$にある．

さてここで，クロマトグラフ法をクロマト定量法にまで高められないかという問題提起ができよう．色素の量を，それで飽和した吸着粉末の体積で簡単に表すことができるとしたら，実に魅力的であろう．しかし，著者がその線に沿って試みたところでは，これまでのところ，満足すべき結果に達していない．沈着する色素間の相互作用のため，吸着帯はすべて同程度に飽和されていないのである．最もうまくいったのがクロロフィリンαの場合だけであった．

著者が分割したクロロフィル色素とその誘導体についての詳細は，さらに大きな仕事として数年のうちに報告したい．

毛管分析

毛管分析はゴッペルスレーデン（Goppelsroeder）によって名付けられたものであるが，最近彼はこれを吸着分析とも呼ぼうとしているので，これについていささか言及しておくことが適当であろう．周知のように，毛管分析は経験的なもので，シューンバイン（Schonbein）が初めて観察したように，溶液の成分が濾紙片を異なった速度で上昇する性質を極めて広く応用したものである．オスワルト（Ostwald）がいうように，その際吸着機構が働いているが，拡散因子も寄与している．また，アルコール溶液の毛管現象では，さらに他の要因，すなわち溶媒の蒸発による溶質の濃縮，空気中から水蒸気を吸収したり，（水分が除かれていない溶液では）アルコールが蒸発してアルコール濃度がある程度減少することによる沈殿の生成なども関係している．最後にあげた要因は化学的作用（酸化，酸の作用）とあわせて，いろいろな植物器官のアルコール抽出液の毛管実験の際，ゴッペルスレーデルが観察した色素の分離を説明することができよう．

著者も，緑葉のアルコール抽出液を用いて毛管実験を試みたことがある．水を含まない溶液では分離はまったく起こらなかった（ミュラー　Muller）と比較せよ．しかし，水を含んでいるときは次の通りであった．

上部の無色のバンドに次いで黄色のふち，緑のバンド，黄色（緑を帯びた），そしてクロロフィル溶液に浸っている底部付近に淡緑色のバンドを得た．これは溶液中に浸した紙片を取り出したとき得られるものと同様であった．紙片を青い塩化コバルト紙の上に押し付けると，上部のバンドは黄色のふちまで含めてかなり水分を含んでいることがわかった．乾燥している紙片を石油エーテル中に入れると黄色のふちは（緑色バンドのように）脱色されないので，キサントフィルによって色づいていることがわかった．これに反して，下の黄色のバンドは脱色された（カロチン）．

蒸気の毛管分離現象の説明は困難ではない．クロロフィル溶液の表面付近では，アルコールが優先的に蒸発し，アルコール濃度がしだいに減少し，薄いアルコール中での難溶度に従っていろいろな色素が沈殿する．すなわち，まずカロチン，次いで一括してクロロフィリン，最後にキサントフィルとなる．したがって，アルコール溶液の毛管分析は吸着に原因して起こるのではない．相違点を取り違えないように，“吸着分析”という用語は著者が開発した方法に対して与えられるべきことを付記しておきたい．クロマトグラフ法は石油エーテル，C_6H_6，CCl_4，CS_2 その他特定の溶媒に可溶な物質についてのみ適用可能な方法であるから，この方法によって毛管分析の基盤が失われることはない．

図6-6　現在のワルシャワ大学の学舎．古い建物を有用に利用している（大学内庭より　2001年　著者撮影）

——Note——

＊1）*Ber. deutsch. Bot. Gesel.*, **24**, 384-393（1906）．1906年7月21日受理．前記論文のすぐ後，勢いにのって仕上げたものである．分離分析法の新しい技法として彼自身が自信を持って提唱した画期的な論文である．

＊2）高さが増すと濾過に時間がかかる．しかし，短すぎると（多量の色素溶液を通すとき）溶離条件がよければうまく分離するはずの個々の着色帯が通り抜けてしまう．

（独語訳：愛媛大学教授　牧秀明・岡山学院大学助教授　松下至）

独翻訳に協力して頂いた牧先生に感謝します．

参考文献：1）分析化学，化学の原典（6），日本化学会学会出版センター，1991
2）Tswettの生涯と研究，化学の領域第3巻1号，南江堂，1948

第7章
分取クロマトグラフィーと原子爆弾製造研究

(1) 分取クロマトグラフィーの有効性

当時のツウェットとクロマトグラフィーの評価

ツウェットがクロマトグラフィーを発案，実施した時代は 20 世紀の初頭であった．その当時，ドイツ科学界の教皇と言われていた，R. ウィルシュテーターは“ツウェットの手の中にあるクロマトグラフィーとやらは，余程注意深く行わないと上手くいかないし，上手くいったとしても，微量分析だけに関してであって，分取する目的には不向きである”と 1910 年頃に言い切っている．

しかし，その後 50 年経った 1955 年頃に，かの有名なマンハッタン計画（原子爆弾製造計画）のプルトニウム，ウラン等の精製過程にツウェットが発案した分取クロマトグラフィーが活用されたのである．そしてその研究の成功に大いに貢献したのである．この事実はウィルシュテーターがツウェットの分取クロマトグラフィーの価値を誤ったということである．ではツウェット自身は，この分取クロマトグラフィーの価値をどう見ていたのであろうか！　またその時代にツウェットは，分取クロマトグラフィーの実験を行っていたのであろうか！　その答えを二つとも明快に記すことが出来る．すなわち，ツウェットは分取クロマトグラフィーの価値を認識しており，大きめのカラムによるクロマトグラフィーの分取研究にいそしんでいたのである．そして，1910 年の彼の集大成ともいえる書物[*1] の中でも，“より大きなカラム”と溶液量は，研究すればその有用性は確認出来る”と書いている．

ちなみに，分取クロマトグラフィーとは，定性分析のような微量判定クロマトグラフィーでなくて，混合物から目的物質を取り出すクロマトグラフィーの事である．その活用として，不純な物質より，純粋な物質に精製することを目的としたクロマトグラフィーとしても利用されている.

ツウェットの死後，10 年後にこの分取クロマトグラフィーはよみがえった. よみがえらせたのは，ハイデルベルグ大学の R. クーン等であった. 以前のウィルシュテーターの反対の意見を打ち砕く，素晴らしい分取クロマトグラフィーの成果だったのである.

カラムの内径は 70 mm，ともすれば 120 mm の径のカラムでクロマトグラフィーが行われたのである. ツウェット自身はクロマトグラフィー発案当初，色素の分離そのものがメインだったので，植物色素・クロロフィルの分離をメインのテーマとして実験を行っていた. ということで，当初の目的は小さなカラムに少量の試料を添加し，今まで出来なかった分離にアタックしていたのである.

ツウェットが化学者（理化学的）でなく植物学者であったので，植物色素の研究に力を注ぎ，分離中心だったので当初は微量分析クロマトグラフィーを目的としていて分取を目的としての考えはなかったと考えられる.

しかし，実験をしていると，大きな処理による分取と製法に考えが及ぶのは当然であろう. その辺りの事を私は 2001 年の春に，スイスのサンクト・ガレンにある EMPA 研究所のメイヤー（V. Meyer）博士を訪れて詳しく聞いていた. メイヤー博士の言は次のようなものであった.

「ツウェットに関する論文は 4 報出しています. とは言っても，もう 7，8 年前になるのですが，その内の 1 冊はアメリカの L. S. エテレのアイデアに準じて仕上がったものです. ツウェットに関しては，彼は非常に秀れた科学者という感じがしました（話の途中で He is excellent と繰り返して言っていたのが印象的であった）. クロマトグラフィーの名の発案を想い浮かべても分ると想います. 私の論文 "M. S. ツウェットのカラム事実と推測" で記しているように，炭酸カルシウムのカラムにベンゼンを用いて，クロロフィル a と b を分離した時のカラム寸法は細く，長さ 2～3 cm の小さなもので，明らかに分離のみの実験であった. しかし，分取クロマトグラフィーの発想はその時から浮かんでいたようで，多種，多様なクロマトグラフィーの実験を，繰り返し行っていたようで驚かされる. しかし，まだその詳細については明らかになっていない. ツウェットに関する研究は今では，昔の恋人のようになりましたが……」

メイヤー博士は，現在もサンクト・ガレンでクロマトグラフィーの研究を精力的に続けている．彼女のツウェットに関連する論文を次に示しておく．

1．Early evolution of chromatography（The activities of C. Dhere）
　クロマトグラフィーの初期の発展（C. Dhere の研究活動）
1．Michael Tswett's Columns （Facts and speculation）
　ツウェットによるカラムとその数値計算
1．Liquid chromatography-Historical development
　液体クロマトグラフィーの歴史的発展
1．When HPLC was yound
　HPLC が若かった頃

ツウェットの当初の分取用カラムについて

その後，分取クロマトグラフィーの実験として図 7-1 のようなカラムを考案した．直径 10～20 cm で実施している．

ツウェットの出版した論文

まさにこの 1906 年のツウェットの論文が，分取クロマトグラフィーを世に発した書き物の最初であったのだ（図 7-2）．

この実験でツウェットは，この径以上にカラムを大きくすれば，溶液に乱れが生じ，カラム溶出時に分離が乱れると考えていた．その当時の充填剤の径は 50 μm と粗くて，現在のように一定圧力下で 5～10 μm 粒子をきれいに詰める事は出来なかったので，上述のように考えるのは妥当である．

カラムの高さに関しても，ツウェットは 80 cm

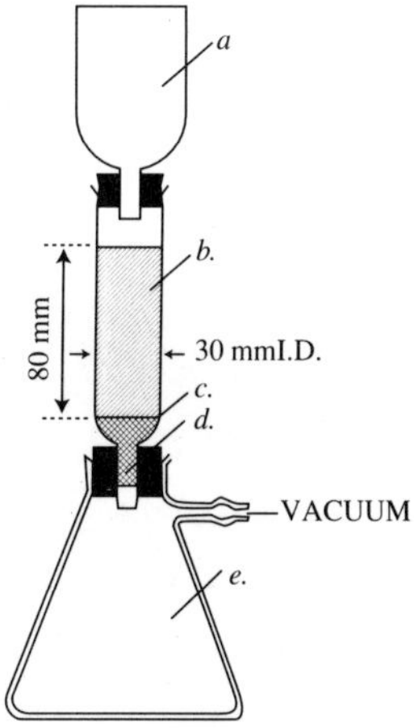

図 7-1

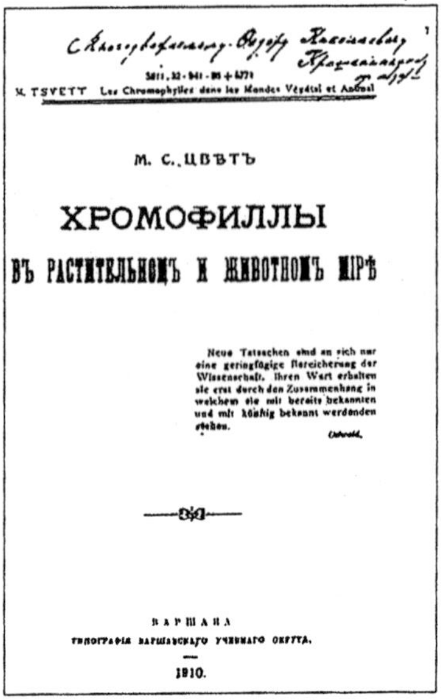
M. TSVETT Les Chromophylles dans les Mondes Végétal et Animal

М. С. ЦВѢТЪ

ХРОМОФИЛЛЫ

ВЪ РАСТИТЕЛЬНОМЪ И ЖИВОТНОМЪ МІРѢ

Neue Tatsachen sind an sich nur eine geringfügige Bereicherung der Wissenschaft. Ihren Wert erhalten sie erst durch den Zusammenhang in welchem sie mit bereits bekannten und mit künftig bekannt werdenden stehen.

Ostwald.

ВАРШАВА

ТИПОГРАФІЯ ВАРШАВСКАГО УЧЕБНАГО ОКРУГА.

1910.

図 7-2　Tsweet の出版した論文

を越えると，圧損失が起こり，上手く分離されてこないと考えていた（現在のような精密なポンプが開発されていなかったので，高さは圧力に直接関与していたからツウェットは上述のように考えていた．現在では高性能ポンプにより，違った考え方が出来るようになった）．

ドイツにあるハイデルグ大学の R. クーン等による分取クロマトグラフィーの成功は，クロマトグラフィーによる分離精製，製造に道を拓いた研究成果で，その後の有効成分の抽出に大いに利用，活用され，製薬工業の基礎研究に大きく貢献した．

クーンらのクロマトは分取を目的として，7～8 cm の径のカラムを用いて行い成功し，12.5 cm まで径を大きくして研究を続けていた．ツウェットの亡き後，ロシアのリポマー（T. Lippmaa），ドイツのガッドベルグ（L. Gaddberg）等がクロマトグラフィーに興味を持ち，その価値を認めて一早く研究に活用していた．彼等はやはり植物学をメインの研究テーマとしていて，吸着現象そのものにはツウェットほど興味を示していない．彼等の研究が一段落した後は，ツウェットのクロマトグラフィーと，ツウェット自身はこの科学の世界から消滅したように見えた．そのツウェットをよみがえらせたのは，スイスの植物学者，C. デーレーであった．彼は，世界で最初にツウェットの小伝記と研究内容について記したのである．掲載された雑誌は，ジュネーブ大学の植物学雑誌の CANDOLLA であった．この記事は 3～4 年後に東京にも知れ渡り，日本人の学者を知る事と相なった．

彼のツウェットに関する研究紹介の中の分取クロマトに関するものの中で，特筆すべき事は，カラムの径の大きさについて述べていることである．合わせて，カラムを描き，1906 年のツウェット自身が行ったものと，その後のクロマト研究者が実際に比較したものとを載せている．すなわち，1911 年のデーレーとロゴウスキー（Rogowski），1913 年のデーレーとベガジー（Vegezzi）のもの，それから 1933 年のビンテルステイン（Winterstein），1935 年のスポーン（Spohn）とセイバルト（Seybald）のカラムを図解で紹介し，説明を加えているのである．

この図 7-3 は分取クロマトの模式図の明確な説明としては最初のものであろう．当初 1906 年に発案したツウェットの小さなカラムに比べて，1935 年のスポーン，セイバルトのカラムは体積にして 10 倍以上大きくなっていた．試料処理量としても，10～20 倍負荷出来ると考えられる．“この発想はツウェットの 1910 年の書物中に何回も記してあることである” とロシアの学者，サコディンスキーが調べて，ツウェットの先見性を強調して記している．

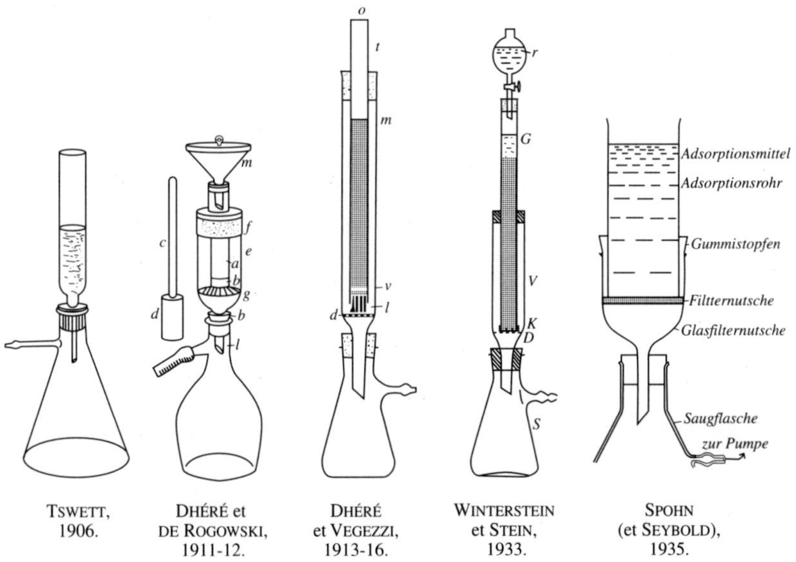

図 7-3

ツウェットの分取クロマトの拡がり

チェコ共和国のハイス（I. M. Hais　カレル大学）は，ツウェットに関する論文をいくつか出版している．その中で 1989 年に出版した論文“分析化学を越えているクロマトグラフィー”の中で，彼はツウェットの分取クロマトグラフィーに関することを題材にあげ，1 ページを割いて解説している．その内容は次のごとくである．

「ツウェットが行ったクロマトグラフィーの実験のまずかった事の一つに，色素の多くの物質を調べるための研究に関しての失敗があった．彼はその当時よく知られていた，マクロ的な化学の従来の方法によって植物色素を研究するためによく勉学をしていたのである．

ツウェットのこの研究の後に，他の研究者達はこの事を十分考慮していて，実験を進めたのである．ということで，クロマトグラフィーを活用したその後の研究者は，クロマトグラフィーによる分取能力を十分に活かせる事を証明した．この拡がりはサブミクロ単位，すなわち放射ラベル物質の分離や工業のレベル精製技法であった．

前端分析によっても分離出来ないことをクロマトグラフィーでやるのはよい．どのような事が分取クロマトグラフィーの発展の足カセになったのであろうか！　それはコストの問題であった．すなわち蒸留の際のコスト高であろうか！　有機溶媒でなく，水であった場合や簡単な濃縮で済む場合はこの限りではなかろう．もう一つのハードルは，そのクロマト技法が連続的でなくて，バッチ式だったからである．しかし，コンピューター時代に入り込めば，カラムの再生，連続製造，自動溶媒切換等が出来て良くなってくるであろう．

分取クロマトグラフィーには二通りの特殊な方法が存在するのである．一つは生物化学吸着を利用するアフィニティークロマトグラフィーである．アフィニティークロマトグラフィーは，分取クロマトグラフィー的な技法と元々考えられていた．ついこの 2，3 年前に，とても都合の良い，分析のためのアフィニティークロマトグラフィーが開発されたけれども，元々は分取技法だったのである．バルクレベル，いわゆる大型のアフィニティークロマトグラフィーでは，混合液から望む物質を分取するのに適している．より小さいスケールでは混合物の精製プロセスとして，非常に頻繁に活用される．アフィニティークロマトグラフィーは分取や分析を越えて，もっと生活環境の中のシステムの中で，高分子のインターラクションをより活用し，モデリングの手法にまで拡がることを提唱しているのである．もう一つは，異性体分離のクロマトグラフィーであり，分析技法として重要である．医薬の分野や生化学の分野で，急速に活用の拡がりをみせている．ジアステレオマーの伝統的再結晶にとって換わって，上手くいくものである．あるいは，ジアステレオアイソマーの複合化合物痕跡物が上手く分離出来る」．

と，1ページを使い分取クロマトの経過，有効性について論じている．

この文章中にも記していたように，ツウェットの亡き後，分取クロマト技法は工夫され，実験技法として用いられていた．その中で画期的な仕事（研究）として，ハイデルベルグ大学の成果が挙げられる．ツウェットの亡き後，14～15年後の成果である．

この成果は，その後の分取クロマトグラフィーの活用に貢献した事は疑いのない事実である．生化学の分野にも，この分取クロマトグラフィーは各研究機関で有用に用いられた．一例として，ウイルスの精製への応用について記しておく．

ウイルスの精製は，ウイルス物理学的，化学的，生物学的研究に，さらには医学，農学のような応用の面に欠くことのできない基礎的な問題である．まず最初に，ウイルスの精製の問題を手がけたのは，1922年，マクカルム（MacCallum）とオッペンハイマー（Oppenheimer）らのワクチニアウイルスの遠心法による精製の試みである．それ以来，分画遠心の方法が種々のウイルスの精製に応用されてきている．遠心法は，操作が簡単であり，ウイルス粒子の凝集や失活が少ないなどの利点はあるが，分画しようとする成分間の沈降速度の差がかなり大きくないと純粋な成分として取り出すことが出来ない．ことに，動物ウイルスの場合には，ウイルス粒子と物理的に類似した細胞成分が多いため，物理的方法だけでは細胞成分との分離が必ずしも容易でなかった．一方，化学的精製法も検討され，硫安法，ブタノール法，クロロホルム法などが種々のウイルスの精製に応用された．これらの方法によって，TMVは結晶化に成功したが，種々の難点により，この方法のみでは多くのウイルスは精製されるにいたらなかった．しかしながら，多くのウイルスでは精製の過程での活性化の低下，正常細胞構成成分との分離の困難さ，方法の煩雑さ，感染細胞のウイルス含量が少な過ぎるなどの理由から，ウイルス全般の精製の問題は解決されなかった.

一方，イオン交換樹脂が，その優れた分離精製能力によって種々の物質の精製，分析などの目的に広範囲に利用されるようになってきたが，ウイルスの分野でもこの方法の応用が試みられ，インフルエンザウイルス，脳心筋炎ウイルスなどが精製された．さらに，南部マメモザイクウイルスをAmberlite-IRA-400C1-，ポリオウイルスをDowax-1C1-などで精製した例がある．イオン交換セルロースのクロマトグラフィーが，タンパク，核酸のような高分子物質の分離に広く用いられるようになって，ウイルスの精製にも多く応用され輝かしい成果を上げてきている．現在，イオン交換セルロースは，DEAE（Diethylaminoethyl Cellulose），TEAE（Triethylamirolthyl），ECTEOLA（Epichlorohydrintrcltanalamin）のような陰イオン交換セルロースなどの数種のものが考案されているが，このうち，ウイルス精製に有効で，また実際に広く用いられているものはDEAEセルロース，ECTEOLAセルロースである．歴

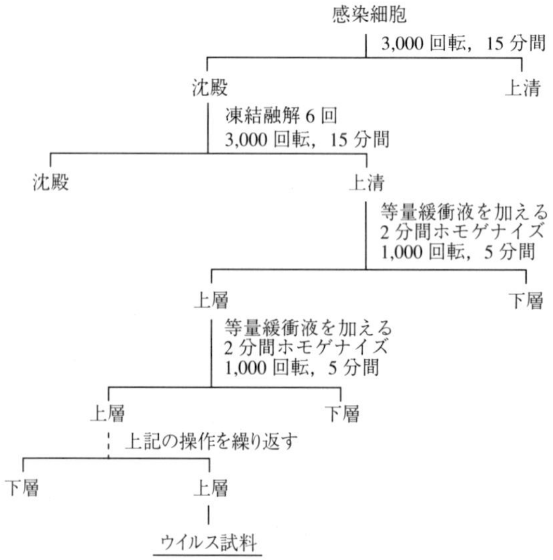

図 7-4　実験操作処理

史的にみると，これらイオン交換セルロースのクロマトグラフィーによる精製では，1957年にCreaserとTaussingが大腸菌ファージT1，T2r，T2r＋をECTEOLAセルロースで，CochranらがTMV（tobacco mosaic virus）をDEAEセルロースで精製して以来，多くのウイルスがイオン交換セルロースの

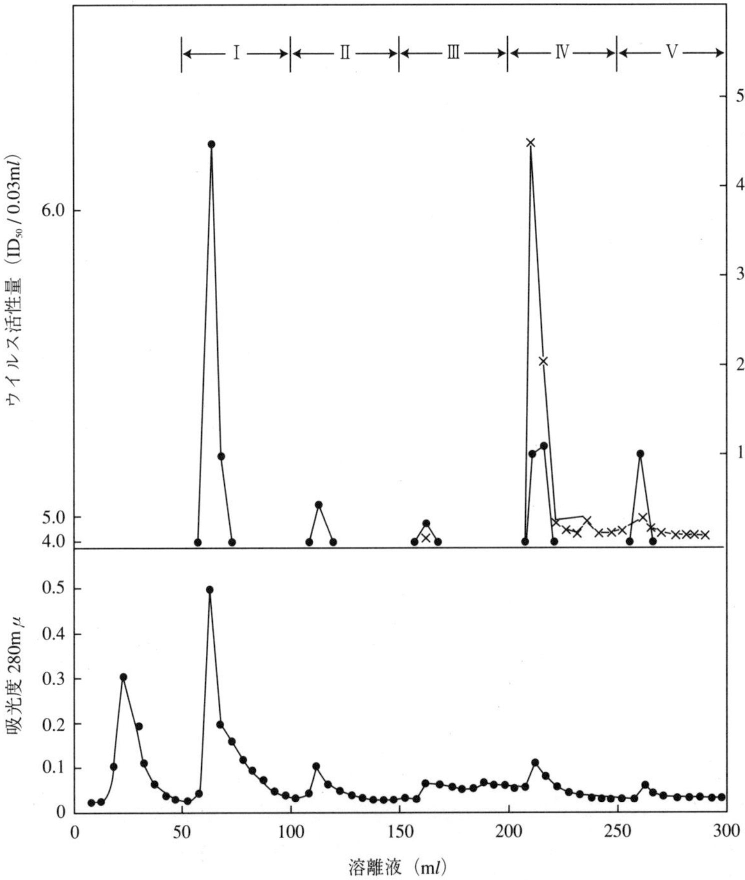

図7-5　口蹄病ウイルスのDEAEセルロースカラムによる分離
×－×：ウイルス活性，
溶離液：Ⅰ　0.05 mol / 1NaCl＋0.01 mol / 1リン酸緩衝液 pH7.6
Ⅱ　0.075 mol / 1NaCl＋0.01 mol / 1リン酸緩衝液 pH7.6
Ⅲ　1.10 mol / 1NaCl＋0.01 mol / 1リン酸緩衝液 pH7.6
Ⅳ　0.125 mol / 1NaCl＋0.01 mol / 1リン酸緩衝液 pH7.6
Ⅴ　0.15 mol / 1NaCl＋0.01 mol / 1リン酸緩衝液 pH7.6

クロマトグラフィーによって精製されている.

ここでは最近とみに有効に活用されているイオン交換セルロースを用いるクロマトグラフィーの活用技法について解説する．その典型的なクロマトグラフィー分画として，細胞内ウイルスである口蹄病ウイルスを例にとって説明する.

口蹄病ウイルスの陰イオン交換クロマトグラフィーによる分離への活用（図7-4，7-5)．まず溶離液は5種類作成する．その種類についてはDEAEセルロースカラムの分離条件のところに記す．Naclの濃度勾配（ステップグラジェント法）により分離する．すなわちNaclの濃度を上げることにより吸着能力を低下させ分離する．吸光度はタンパクの検出に近い．280 nを用いる．そしてクロマトピークとウイルス活性値の関係を測定する．この実施例では2番目のピーク（50～60 m*l*）と後半のピーク（220～240 m*l* 溶出）ウイルス活性値も高い．ちなみにこの分画部を分取する場合はカラム径を4倍にして長さ40 cmにすれば達成できる．後処理で塩類を除くために，ゲル濾過クロマトグラフィーを行えば良い（場合によっては分子量分画膜を用いてもよい).

細胞等の抽出および前処理は図7-4のように遠心分離（3,000回転）後沈殿物を溶解して，同遠心分離を行い緩衝液でホモナイズして，上層を得てクロマトグラフィーの試料とする．なお，具体的な処理法は実験フロー図（図7-4）を参照されたい.

現在では陰イオンDEAEカラムに匹敵する良質のカラムが幾つか開発され活用されてきている．幾つか例をあげると陽イオンカラムでは，SP，CM，陰イオンカラムではSAX，QAE（Quater amino ethyl）などでウイルスの種類によって有効活用されたい（図7-6).

スイスのバーデン・バーデンでのクロマトグラフィー国際シンポジウム

1988年のスイスのバーデン・バーデンで開かれた，第2回分取クロマトグラフィーの国際シンポジウムが契機となり，分取クロマトグラフィーの有効性が再確認された．そのシンポジウムにおける発表課題を挙げておく．その前に本シンポジウムの開会挨拶をウンガー（K. K. Unger　スイス）が行っているので要旨を載せておく.

●DEAE

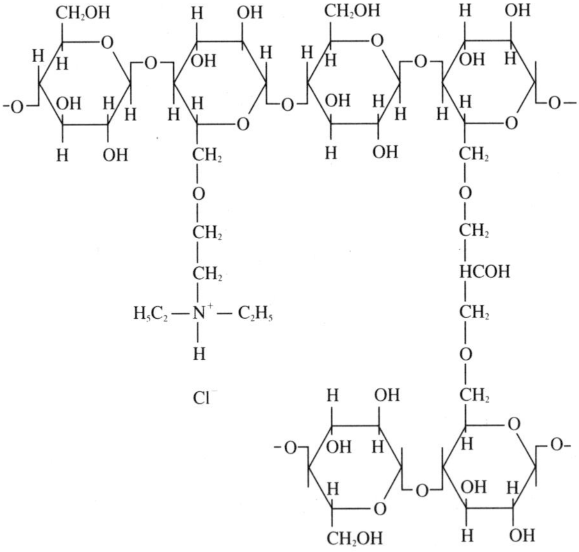

●CM

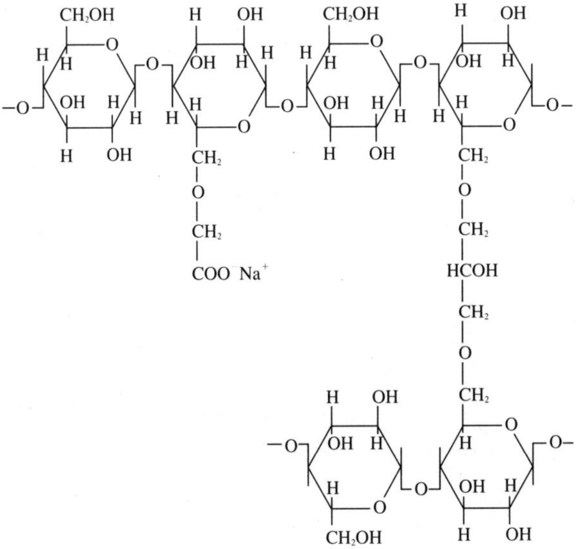

図7-6　イオン交換樹脂の典型的な分子構造

「分取クロマト，ビックスケールクロマトの第 2 回の国際的なシンポジウムが，この地バーデン・バーデンで開かれることに喜びを感じます．世界各国から，25ヶ国から 420 の論文が集まりました．分取クロマトの分野にインパクトを与えるシンポジウムになり，また，化学者，クロマトグラフィー，エンジニア，生化学者に変化のある考え方，変化のある実験技法を与えるものと考えられます．その論文内容は天然物，化学合成物，バイオ関連物質のクロマトグラフィー的な処理技法について論じているものであります．この 3 日間のプログラムで種々検討が行われるが，充填剤として，シリカゲルタイプとポリマータイプのものについて論じられます．その最適パッキング方法として，純度を上げること，コスト面を考えること，経済的な溶媒の回収，それから，分離条件精製におけるシングル溶離法，マルチな溶出法として活用されていること．生理活性を求めて，あるいはビックカラムクロマトグラフィーで製造クロマトグラフィーを行うことの溶出法についても検討していきます．結果として，このシンポジウムは分取技法と精製技法に関して，重要で有用な示唆を明らかにする事にあります．その活力や装置も含めて，高いレベルのものであり，活用例として世界各国35 の国で進歩してきたものであります」

この後に続くメッセージはバーデン・バーデンの町に集って頂いた研究者の人達に感謝すると共に，共同責任者の方々に感謝と，このシンポジウムをレベルの高い，格式のあるものにしてもらったこと，それから，研究者自身がエンジョイしているのを感じて嬉しく思ったことを述べている．最後に，Journal of Chromatography の編集者に感謝して，このバーデン・バーデンの分取クロマトグラフィーのシンポジウムをまとめる事が出来たのを喜びとしている，という文章で締めくくっている．

次に研究課題の一つ目から順次，メインテーマだけを紹介する事にする．

1 番目はスイスのローザンヌ大学の A. Marston 等による「液体クロマトグラフィーによる植物生理活性物質の分離研究」

2 番目がフランスのパリ大学，ガレイル（P. Gareil）等による，「秀れた操作における分取クロマトの解析」

3 番目は，アメリカの国立オークリッジ研究所のゴードレーン（S. Ghodlane）

等による「多量溶離液使用におけるカラム負荷とリテンションタイムとの関係.

4番目は，ベルギーのゲント大学の研究者による「軸の流れでの分取クロマトのカラム形状」で，ネレル（M. Nerele）が書いている.

5番目は「新しい逆相充填剤，クロムジル C18 でのペプチドの分取クロマトグラフィー」で，スウェーデンのマルメ大学のラーソン（K. Larsson）等の研究である.

6番目は「分取クロマトの効率的で経済的な方法」で，フランスのヴィレスベル研究所のベリロン（F. Verillon），FRG のフランケ（G. Franke）による研究である.

7番目の「遠心分離クロマトグラフィー活用による天然物の分離」は，スイスのローザンヌ大学の A. Marstor 等によるものである.

8番目は「マイコトキシン類 B1，B2，G1 のラージスケールでの精製」で，南アフリカのプレトリア大学のデラウス（A. E. DeJeus）等による研究であった.

9番目は「プロスタサイクリンとそれらの中間体の分取クロマトグラフィーによる精製」で，ロシアのタリン大学のロームス（M. Lohmus）等による研究であった.

10番目は「トコフェノール同族体の分取クロマトグラフィーによる分離」で，西ドイツのドュセルドルフ大学のブラウムス（A. Brums）等による研究である.

11番目は「Micrononaspora Purpurea の培養からのゲタミシン C 化合物の分離」で，西ドイツのザールブリュケン大学のジョールス（H. Jorls）等の研究である.

12番目は「植物アロマティックなクロラインエステラーゼ分離と構造のための迅速な技法の開発」で，デンマークのフレデリスク大学の L. M. Larsen 等による研究である.

最後の13番目は「DEAE－ゼーター－Prep カートリッジを利用したイオン交換クロマトグラフィー」で，「特殊なヘテロロゴウス F (ab) 2 の精製」で，イタリアのシエナ大学のベナンチ（P. C. Benanch）等による研究であった.

このバーデンバーデンの国際シンポジウムが分取クロマトグラフィーの価値，有用性の大きさを科学界に投げかけた事になったのは，間違いない．

——*Note*——

＊1）ツウェットの研究書としての集大成のものであると言われ，この書の成果は大きく，ロシアの科学賞を受けるきっかけとなったものである．その書は「CHROMOPHYLIS IN THE PLANT AND ANIMAL WORLD」

(2) 原子爆弾製造におけるイオンクロマトグラフィーの活用

イオン交換現象とクロマトグラフィー

ツウェットの発明した技法は，吸着現象を活用したクロマトグラフィーというものであったが，先を見越した活用法まで言及していた．

その中で，溶離液を留意に選ばなければ成分の分離が上手くいかないということを，力強く，丁寧に説明している．その考えは，吸着の比率を上げて，その他の作用，いわゆるイオン交換力やゲル濾過的分離力（分子量的な差を利用）が働くことを除する事になっていたのである．イオン現象の最初の発見は世界の至る所で見つけられ，利用されていたとは思うけれども，イオン現象の本質を明確に認め，理論付け，その応用に道を拓いたのは英国のトムソン（H. S. Tomson）とウエイ（J. T. Way）であった．それは今から 150 年前の，1850 年のことであった．

その後，1905 年にドイツのガンス（Gans）の発明によって，イオン吸着，イオンクロマトグラフィーの有効利用が実施され，大いに分離の技法の進歩を促した．

イオン交換は吸着，脱着のみの作用だけでなく，順次離れていくクロマトグラフィーでの成果についても論じられるようになった．その上にパーミットの合成の成功により，イオン交換樹脂を用いた分離が一段と有効な事が分かってきた．

その後，1935 年にこのイオン交換現象に大きな飛躍の出来事が起こった．それは英国のアダムス（B. A. Adams），ホームス（E. L. Holmes）の論文

「Absorption Propenties of Synthetic Resin. Pt. I.」を契機として，高性能のイオン交換樹脂の研究に拍車がかかった.

アダムスとホームスは，初めて陰，陽のイオン交換体を作り，従来のゼオライト，パームチット等の無機質イオン交換体に取って代わり，脱塩等に利用，活用されてきた.

その後ジビニルベンゼンを用いた共重合体の充塡剤が開発され，イオン交換クロマトグラフィーへの利用活用も大いに進んだ．この改良研究により，種々のイオン交換体が製造出来るようになり，1943 年のアメリカの原子爆弾製造研究に活用される事になるのである．原子爆弾製造研究のために核分裂生成物の分離という要請に応えて，初めてイオン交換樹脂がクロマトグラフィーの吸着分離例として取り上げられ，大量分離に用いられた．すなわち，ボイド（G. E. Boyd），スペディング（F. H. Spedding），トンプキンソン（E. R. Tompkins）を始めとする多数の化学者のグループによって，幾多の核分裂生成物が従来の科学的方法と比較して，格段の容易さで次々と単離された．アメリカ以外の国，例えばドイツ，ロシア，英国，日本等でも原子爆弾の製造計画はいくつか持ち上げられたようであるが，このクロマトグラフィーを活用しての原子爆弾製造研究はアメリカだけの独自のものであったのである．この開発研究が分取クロマトグラフィーの最初の成功例ともなった.

この書では，クロマトグラフィーが原子爆弾製造のための希土類原素の分離精製にいかに有効活用されたかを述べるものであって，核分裂反応や原子爆弾製造のきっかけや，政治的なもくろみ等を対象として論じていない．1903 年にツウェットによって産声をあげたクロマトグラフィーが，50 年後に大いに有効活用された技術を認め，その価値の高さを論じていきたい.

イオン交換クロマトグラフィーが誕生するまで

ここでもう少し，イオン交換現象の発見と有効利用の経緯について説明しておく.

イオン交換現象は，地球生成と共に大自然の中で大規模に着々と行われ，人類は無意識の中に，その現象の恩恵に浴し，また利用もして来たわけである．しかしながら，イオン交換という事実が科学的に，はっきりと人類によって認識されたのは極く最近のことである.

あらゆる科学的事実の発見と同様，イオン交換という現象を誰が最初に科学的に認識したかは，未だ明確ではない．ここでは必ずしも発見者とはいえないが，最も初期にイオン交換現象（当時の用語では塩基交換）を科学的に検討した英国のトンプソン（H. S. Thompson）とウエイ（J. T. Way）の業績を要約しよう.

（1）土壌に遊離アルカリを含む溶液を接触せしめると，アルカリは完全に液から吸収される．また硫酸アンモン，炭酸アンモン等の塩溶液を接触せしめると塩が分裂し，塩基のみ土壌に取られ，酸は変化せず液に残る．そして，土壌に吸収された塩基の代りに土壌に始めに含まれていたカルシウム，ナトリウム等の塩基が液に出る（すなわちイオン交換現象の存在の確認）.

（2）土壌に取られた塩基と土壌から溶液に出た塩基とは正確に当量である.

（3）交換速度は迅速で，酸，アルカリの中和反応にたとえられる.

（4）塩濃度の増大と共に土壌に交換して吸収される量は増大するが，次第に飽和点に近づく.

（5）土壌の量と吸収された物質の量とは必ずしも比例しない.

（6）温度は吸収量に僅かの影響を与えるのみである.

（7）物理的な吸着とは異る現象である.

（8）土壌中に存在する粘土が塩基交換の主体である.

（9）交換体は可溶性の硅酸塩と明バンから合成される．灼熱すると塩基交換性を失う．すなわち交換体はいわゆる複硅酸塩の水化物である.

（10）かかる作用のある土壌の層を“perfect chemical filter”とみなしうる.

以上に要約した如くこのウエイ並びにトンプソンの研究は甚だ深くイオン交換の本質に迫るものであったが，残念ながら当時の化学者の主流には必ずしも入れられなかった．たとえば J. リービッヒは“塩基交換の如き化学反応は論理的に存在しえないし，界面に於ける物理的な吸着現象にすぎないと強くウェイ等に反対した”と伝えられている.

したがってその後数十年間イオン交換現象は，むしろ化学者の本流からは余りかえりみられず，主として土壌学者，鉱物学者等の手によって，研究が続けられて行った．そして土壌以外にも種々の鉱物，岩石がイオン交換性を持つことがつぎつぎに認められた．それらの業績のなかで最も大きな仕事はドイツのガンス（Gans　1905）による Permutite の合成である．彼はこの珪酸質の交換体を単に合成しただけでなく，それを水の軟化に利用し，将来のイオン交換体の工業的利用への道を開いた．

もちろん 1906 年のツウェットの論文が契機になって，イオン交換クロマトグラフィーの考えも生まれてきたのは事実であるが，イオン交換樹脂の開発研究も一つの大きな進歩の契機となった．その時代背景を考えてみる．

1930 年代になって，P. カーラー，R. クーン等の研究者により，ツウェットの用いたのと同じ原理にもとづいて，アルミナ，炭酸カルシウム等による吸着クロマトグラフィーが天然物中の微量成分を分離するため盛んに使われるようになった．それ以来，実験法においても，理論においても，幾多の研究改良が行われた．特にライシュテイン（T. Reichstein）等（1938）が導入した liquid chromatography の方法は，吸着帯を展開した後，カラムを切り分け従来の方法とちがって，更に展開溶離をつづけ，カラムからの流出液を液相で小部分に分ち分析する方法で，操作が一段と簡単になるため，チセリュウス（A. Tiselius）その他によってさらに数々の優れた分析法や分離法が確立された．更にウィルソン（J. N. Wilson　1940），ディバウト（D. Devault　1943），マーチン等の手によって発展した吸着帯の展開に関する理論は，この方法に論理的基礎づけを与えると共に，実験法の発展にも大きな影響を与えた．ちょうどこれ等に先だつこと数年，英国のアダムス，ホームス（1935）の二人が初めて，陰，陽の樹脂質イオン交換体を合成し，すぐれたイオン交換体としての性質が，従来のゼオライト，パームチット等の無機質イオン交換体にとって変わった．そして脱塩等における実用価値が認められつつあった．このような情勢の下で，1943 年米国では原子爆弾製造計画実施のために必要となった核分裂生成物の分離という要請に応えて，イオン交換樹脂が初めてクロマトグラフィーにおける吸着体として大量の物質の分離に用いられた．すなわち，G. E. ボイド，F. H. スペディング，E. R. トンプキンソンを始めとする多数の化学者のグループによって，稀土類元素を主体として，幾多の元素が，従来の科学的方法に比し，格段の容易さで次々と単離された．これは，無機化学の面にクロマトグラフィーが大きな貢献をした最初の研究であるが，これに刺激されて続々と新しい優れた研究成果があがり，その後生まれたペーパー・パーティション・クロマトグラフィーの操作と相並んで，現在の化学における最もすぐれた分離の手段を提供している．一方理論面では，1945 年以来グリュカフ（Glueckauf）の長年にわたる基礎的研究が行われているが，これらはすべて，イオン交換樹脂のもつすぐれた特性が長い間の化学の発展の歴史の上に育まれて成長した必然の成果であった．合成化学，錯塩化学，電解質の理論の進歩と，実際生産面における要請とが相協力して築き上げた20 世紀前半の化学の大きな成果といえよう．

次にイオン交換クロマトグラフィーの原理を説明する．イオン交換そのものと明らかに違いがあるのは，クロマトグラフィーは順次分離していく，時間差分離だということである．

イオン交換クロマトグラフィーが用いられた契機

当初はこの原子爆弾開発研究のために，少量の成分分析*[1] にクロマトグラフィーは用いられるはずであった．すなわち，品質の評価，検査を目的とするはずであった．精製技法としても，数グラムを目的とする位を考えていた．要するに原素を純粋にするための精製法として考えていた．

ということで，プルトニウムやウラニウムを純粋する技法ではなくて，他の方法，すなわち，以前からの分別結晶法や超遠心力を考えていて，純度を上げる事にそれほど価値を持っていなかったのである．

しかし，プルトニウムやウラニウムの純度を上げる事が重要になり，分離精製過程で困難な問題になってきた．

実際に，F. H. スペディングは研究仲間と当初，プルトニウムやウラニウム等を分離するために，多大な作業を強いられ，長時間の労働を要した．例えば再結晶，濾過，溶媒抽出と，まるでサンドイッチのように組み合わせて，数十回も実験作業を行ってみたが，これらの原子は化学的にも，物理的にも似通っていて分離精製する事が出来なかった．それと，希土類元素を含む物質には種々の他の分子がミックスされていて，一筋縄では精製する事が出来なかったのである．そこで，この研究開発に，トンプキンソン，スペディングをリーダーとする研究者達がイオン交換樹脂を活用するイオン交換クロマトグラフィーで初めて大量分取用にチャレンジしたのである．

イオン交換クロマトグラフィーの分離原理

イオン交換による交換平衡の速度差によって分離される．具体的には，陽イオン交換樹脂（H^+）の場合で考察すると，食塩水 NaCl を試料とした場合，次のようになる．

$$Na^+ + HR \rightleftarrows H^+ + NaR$$

上部の樹脂は NaCl 溶液と先ず接触して交換平衡に達する．平衡に達した液はすぐに下の新しい陽イオン交換樹脂（H^+）に順次接して液中の Na^+は樹脂相に入って H^+と順次交換するため，液相中の Na^+はすべて樹脂相に捕捉され加えた Na^+と等量の H^+が液相に出る．上方樹脂には次々と食塩水と接することから，ここでも同時に平衡が段々 $H^+ + NaR$ の方にずれ，樹脂相は Na^+で飽和され（NaR に変わり），結局カラム上端から下方に向かって Na^+ の吸着帯（クロマトグラム）が形成される．同様なメカニズムで種々のイオンを含む溶液を試料に通すと樹脂に吸着されるイオンは固相に捕捉されて吸着帯を形成する．

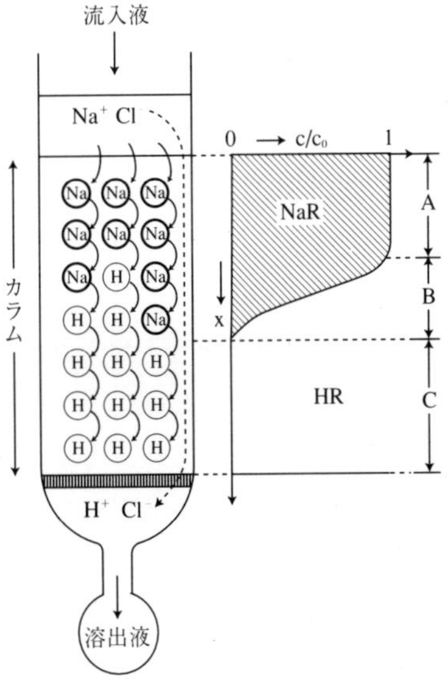

図7-7　吸着帯形成の模型図
カラムの上端は Na^+で飽和された状態（A）で，NaR の前端部（B）は HR-NaR が，種種の割合に共存する境界を示す．（C）は未反応の HR．右側には NaR の分布状態を図式的に示す．（B）がカラムの下端に達すると，Na の漏出がおこる．〔本田（1953）〕

希土類元素の分離にイオン交換クロマトグラフィーを活用した人

イオン交換クロマトグラフィーの率先者はスペディングであった．もちろん，反対の意見を持つ何人かの研究者はいたけれども，彼は将来を見通す能力とセンスの良い考えを持つ研究者であった．

まず最初にとりかかったのがウラニウムの分離精製であった．彼は金属冶金プロジェクトの内部での重要な会議には常任で出席していた．その中で特有の元素の分離にはクロマトグラフィーは不向きで，大量分取にはなおさら難しいと聞いていたが，彼は自らの研究所のあるエイムスに帰るなり，すぐに，イオン交換クロマトグラフィーを活用して，精製の研究に着手した．そうして 2～3ヶ月のうちに，彼らのグループは数グラムもの Nd，Pr，Ce，Y という希土類元素を分離精製したのである．しかし，この結果報告書はマンハッタン計画のためのものであり，かなり機密に扱われ，表舞台に出る事はなかった．実際の報告書になったのは，4 年後の 1947 年 11 月，「Jounal of American Chemical Socity」であった．

話を元に戻して，その他の研究者達もイオンクロマトグラフィーを活用してウラニウムを精製していたのであろうか．実は 1942 年から G. E. ボイドと彼の助手はシカゴ大学の金属冶金研究所においてイオン交換樹脂（スチルベンゼンを素材としたもの）のウラニウムの吸着性に関して，関心をもっていて研究を続けていた．1943 年後半頃になると，マルデ（Dr. malde），コーン（E. Cohn）によってバイオロギー的なものも組み込んだ方法で核生成物を純粋な型で分離する示唆があった．

そして，この 2 つのグループはテネシー州にあるオークリッジのクリントンラボラトリーに移った（現在のオークリッジ国立研究所）．

次の年にも，彼らの研究はそこで続けられ，核反応生成物と希土類元素とを選択的に溶出する事に成功したのである．微量を扱ったのではあったけれども，61 番目の元素プロメチウムも核生成物よりきれいに分離されたのである．彼らはこの研究の際にイオン交換樹脂の理論的な研究を合わせて行っていたのである．理論的な研究を主に行っていたのは，S. W. メイヤーと E. R. トンプキンソンであった．皆がみんな希土類元素の精製にクロマトグラフィーを用いる事に賛成していたのではない．もっともクーン等は賛成していたが，O. Vahn,

L. Weneir，F. Strrassman らは好意的ではなかった．確かに，核分裂反応の成果を見出すにはその判断技法，すなわち分離法が大切であるし，難しい仕事であることも分かってきていた．不思議な事にイオン交換樹脂を用いての応用研究が盛んにドイツで行われていたが，核分裂反応の研究ではなかった．

希土類元素（放射性元素）の精製研究の参加者

アイオワ州のエイムスにあったアイオワ州立大学内の原子研究所のメンバーD. H. Ahmann，J. A. Ayres，V. Bulgrin，T. A. Butler，A. H. Daane，VA. Fassel，P. Figard，E. l. Fulmer，E. M. GLadrow，M. Gobush，C. F. Miller，P. E. Porter，J. E. Powell，N. R. Sleight，F. H. Spedding，A. D. Tevebaugh，R. Q. Thompson，A. F. Vloigt，E. J. Wheelwright，J. M. Wright and I. S. Yaffe. であった．

テネシー州にあるオークリッジの町のシカゴ大学の金属冶金研究所のメンバーは次のようであった．

A. W. Adamson，R. H. Beator，G. E. Boyd，A. R. Brosi，W. E. Cohn，C. D. Coryell，L. E. GLendenin，D. H. Harris，B. H. Ketelle，J. X. Khyn，JA. Marinsky，S. W. Mayer，L. S. Myear，Jr. G. W. Parker，E. R. Russell，J. Schubert，J. A. Swartout，and E. R. Tompkins

その当時のアメリカの優秀な学者であり，ほとんどの人達が博士か修士の学位をもっていた．

各研究グループの協力体制

開発当初はクロマトグラフィーでは大量処理には向いているとの見解が強かったけれども，スペディングを中心とした研究者による精力的な分離研究に後押しされるような形ですすめられた．

そして，スペディング等によって，グラム単位での分離が出来るようになってきた．例をあげれば，Nd，Pr，Ce，Y 等である．その技術は度々改良され，もっと大量に出来るカラムクロマトへと進展していった．そして彼らは明確に2つのグループに別れて，分離の研究をするようになった．

その一つはセリウムを大量に分離するもので，もう一つのグループはイッテリウムを分離する開発を受け持った．

その後，成果が上がり出すと，2 つのグループは合体されて，より以上の成功を収める事が出来た．このように，希土類元素の大量分離は研究グループの協力のたまものであった．

クロマトグラフィーの具体的な技法

当初のクロマトグラフィーの技術的な研究には，高さ 1 フィートから 6 フィートで直径 2 cm のガラスカラムで行われていた．その内径を段々と大きくしていき，4 インチまでになった．この 4 インチの径でパイロットプラントの実験を繰り返し行っていた．

樹脂にはイオン交換樹脂が採用され，当初 IR-100 という品番のものが用いられた．次々と改良され，もっと効率的な DOWAX-50 が用いられ，効率の良いイオン変換クロマトグラフィーへと進展していった．

溶離液は最初，塩酸酸性で吸着させ，その吸着成分を pH 調整したクエン酸溶液で溶出した．わりと高濃度のクエン酸で分離に成功したけれども，ラージスケールでは製造コストが高く，問題となってきた．ワンサイクルするのに，何百リッターもの溶液が必要であったのである．溶出時間も長く，多大な費用になっていた．

エイムズのグループがこの難題に立ち向い，希薄な酸 0.1％のクエン酸（pH6）で成功したのである．難点としては，高い pH だったので，処理中，処理後にカラムにカビが育ち始めたことであった．

この難題は溶離液中に 0.1％～0.2％のフェノールを入れる事で解決した．しかし，とても流速が遅い方法でのクロマト処理だったので，数グラムを得るために 1,000 リットルの溶出液が必要で，計算上では 43 日間も必要であった．種々工夫をこらしたが，グラムオーダーを製造するのに 1ヶ月余りを要した．保存はオキザリック酸中で行った．これらの研究法は，その当時は極秘に進められ，明らかになったのは 3 年後の技術論文に記される事になってからであったが，かなりの部分は未公開であった．実際に公表され討論されたのは，スペディングによる“Rare-Earth Elements” 1983 年のことであった．

特有の希土類元素の製造

イットリウムとセリウムが簡単に分離出来る事が研究の早い段階で分った．カラムの寸法は長さ 190 cm で内径 2.2 cm であった．溶離液はクエン酸濃度 5%，pH は 2.77 で流速は 1 分間で 5 cm であった．セリウムは 60%が回収され，イットリウムは光学的にチェックされ回収された．オーバーラップされている状態では，リサイクルクロマトグラフィーによって純度を上げていった．二つの物質が重なっていても，リサイクルクロマトグラフィーによって純度の高いものが出来た．クエン酸の濃度を下げていき，pH を一定にさせて，うまく分離出来た．

ほとんどの物質はワンパスによる操作（クロマトグラフィー）で可能であったが，他の重金属と混ざり合った場合は，やはりリサイクルクロマトグラフィーが必要であった．

カラムをずっと大きくして，パイロットランプ（4 インチ，長さ 10 フィートを 12 本）でも実施され，希土類元素を 50～100 g 注入する事が出来た．流速は遅くて，1 分間に 0.5 cm しか進まなかった．それを分取し，処理するのに，スペディングらは 45 リットルのボトルを用意し 24～36 分画した．その時間は 12 日間から 18 日間もかかった．条件としてはカラムは IR-100 を用い，溶離液は 0.1%クエン酸（pH6.0 調整）で 1 分間に 0.5 cm の速度の処理で行われた．イットリウムは当初何回もリサイクルする必要があった．これを解決するために，カラムをパラレルにならべて行うアイデアを考え出した．結局，10 の元素の分離が進められた．イットリウムとセリウムが混合されている状態では，その分離は難しかったが，10 回の安定した送液により，両方とも 99.5%位の純度に上げることに成功した．スペディングを中心とした研究者の成果であった．その後にスペディングは「希土類元素の 5 つのものを純度高く取り出す」と述べていた．

イオン交換クロマトグラフィーの規模

カラムの大きさは次第に増大して，6 インチのパイロットランプにて実施された．溶離液としては，0.1%クエン酸アンモニウム（pH8.0）が用いられてきて，この改善されたシステムで大量の Pr，Nd，Y，Sm が純度よく分取され，成功したのである．いわゆる希土類元素のイットリウムグループを効率良く分離する技法を開発したことになった．もっと大きなサイズによる処理では，まだまだいくつかの難点があった．その内の 1 つに 0.1％クエン酸アンモニウムの代わりに複合的試薬を用いる試みがあった．強く吸着している元素をいかにうまく溶出させるかの役目として考えられていた．この目的のために EDTA が考えられた．しかし，高い pH の中での吸着溶出はしっくりいっているというものではなかった．4 つのプロトネィテッドされた EDTA は，それ自身溶解性に関して不都合である．しかも陰イオン性 EDTA-希土類元素の比は 1：1 であった．他の金属複合体とはよく溶解している．陽イオン交換樹脂上では 2 価，3 価の鉄と銅イオンと吸着力が強かった．EDTA-Cu^{2+}では吸着が強く，イオン交換樹脂に吸着されている．次に NH_4^+，EDTA が用いられ，pH8.4 付近で吸着帯で溶出させる事が出来た．

次に Cu^{2+}，EDTA が選ばれて，より良い分離が可能になってきた．それで分離ピークもシャープになってきた．結局，エイムズのグループでのカラムスケールは径 30 インチで，1,210 フィートの長さで行われた．

充填剤のカラムは，高さ 9 フィートであった．最初，Cu^{2+}イオンのカラムで処理して，取り外し，次に溶離液に NH_4^+EDTA を用いるところの方法で各種，希土類元素が分離されたのである．しかし，この問題点も次第に明らかになってきて，Cu-EDTA コンプレックスが安定で強固に吸着しているので，EDTA と Cu^{2+}を回収する事が難しかった．

検討，研究の結果，Cu^{2+}を Zn^{2+}におきかえる方法が提案され，その実験に成功したのである．すなわち Zn-EDTA は，酸性溶液で比較的簡単に取り外す事が可能であった．EDTA の不溶酸化物はフィルターで取り除いて，Zn^{2+}はリサイクルに使うことが出来た．この方法でイッテリウムのグループとオーバーラップしている他の希土類元素を分離する事が出来た．その当時のアイオワ大学の報告書によれば，99.9％以上の Y_2O_3 が 300 ポンド以上も作られたと記してある．

有意義な結果

1950 年の終り頃には，数多くの会社で，このエイムズで開発されたイオン交換クロマトグラフィーの方法で希土類元素を純度よく製造することが出来た.

この後, 希土類元素の必要性が高まり, 1979年のアメリカでは, R_2O_3 として15,000 Mトンにも拡大し製造されていたとスペディングは述べている. なんと, 1990年には世界的な消費量において, ランチノイドは大幅に増加していて, 35,000 Mトン, 2000年にはより増して, 56,000 Mトンになる. エイムズの設備は1980年まで稼動して高純度 (99.99%) の希土類元素を製造した. その後製造は停止された.

記念として, 現在でもアイオワ州立大学の中に2つのビルディングが残った. そのビルはウラニウムの純度の高いものを作る事においての開発者なるWilhelmとスペディングの名をとり, 名付けられているのである*2.

また, このマンハッタン計画による希土類元素の分離技術, イオン交換クロマトグラフィーの技術が, その後の生物化学の研究 (バイオ研究) に役立ったのである. すなわち, イオン交換クロマトグラフィーによって核酸成分の構成分子の分離に活用されたのである. それは1949～1950年のW. E. Cohnisの革新的な研究であった. これらの研究は新しい道を拓き, 数十年の内に変化した生物化学として実施されたのである.

戦争によって重要なプロジェクトが出発し, それが科学と工業の両方の分野に新しい分野を切り開いたのである. そしてその事がクロマトグラフィーの進歩にも好影響を与えた事になったのである.

———*Note*———————————

＊1) 現在ではクロマトグラフィーによる極微量分析法は飛躍的に進歩し, アクチンドおよび核分裂生物のイオンクロマトグラフィーは確立している. カラムにイオン交換樹脂, 検出器 UV (585 mm) 発色試薬として, Arsenazo I を用いる.

＊2) 1943年11月4日新しい原子炉が完成した. 世界最初の原子炉が作動したのは1942年12月2日この大学においてである.

コーヒータイム
核連鎖反応の開発研究の誕生

シラードは，共同研究を成功させるのに，フェルミとシラードが力を合わせるだけでは足りず，重要人物の協力が必要なことがわかっていた．彼らはあり得ないよいうな 3 人組，つまり米国第 32 代大統領ルーズベルトと当時の連邦捜査局 FBI 長官フーバー（Edgar Hoover），アインシュタインから助けを得ることになる．

夏の間に，シラードはドイツがウランの供給を禁止したという情報を得た．彼は，これはドイツが核分裂研究を進めていることを意味すると考え，アメリカ政府に警告しようとした．フェルミとシラードの性格はかなり違っていた．端的に言うとフェルミはイタリアの天才で理論家であり，かつ実験家であった．それに対してシラードは徹底したアイデアマンで鋭く想像し，鋭く相手を説得する野心家で，用心深い人であった．

シラードは，宣伝能力にも長けていて，彼の師であり友人でもあるアインシュタインに着目した．当時アインシュタインはニューヨーク市から約 110 km 東にあるロングアイランドの別荘に住んでいた．シラードはこの有名な物理学者に連鎖反応について語った．

アインシュタインは「その事を全然考えもしなかった」と答えたが，最終的には連鎖反応が，彼の有名な質量エネルギー保存法則の方程式を現実のものにするかもしれないと理解した．

シラードは 2 回アインシュタインを訪問したが，2 回目はアインシュタインに手紙に署名をしてもらうためだった．「シラードは何でもできたが，自動車の運転だけはできなかった」と 2 回目の訪問の時，シラードの運転手をしていた亡命ハンガリー人の物理学者が回想している．

「私は運転できたので，シラードを避暑地まで乗せていった．アインシュタインは民主的だったので，コーヒーを進めたときにシラードだけでなく，運転手の私にも声をかけてくれた」．このようなわけで，水爆開発で有名なテラー（Edward Teller）は，古ぼけたガウンを着てスリッパを履いたアインシュタインが，現在よく知られているルーズベルト大統領宛の手紙を読んで，署名に同意した場に居合わせることになった．1939年8月2日付のこの手紙は「フェルミとシラードによって行われた最近の研究では」という言葉で始まっている．

そして，ドイツで原爆研究が行われていると警告をして，アレックサンダー（Alexander Sachs）に手渡した．アレックスは，ニューディール政策の顧問だったので，大統領につてがあった．

第二次世界大戦は1939年9月1日に始まった．ルーズベルトが最終的にこの手紙を受け取ったのは10月だったが，「ナチが私達を吹き飛ばさないようにする」ために行動を起こすことに同意した．彼はシラードや他の亡命科学者を委員にして連邦政府にウラン委員会を発足させた．

数週間後，彼らはコロンビア大学での研究費として6,000ドルの予算がつけられた．

アインシュタインは戦後，彼がシラードのために「郵便箱の役目を果た

1946年の映画 March of time を製作するときに打ち合わせの様子を再現して撮影されたもの

したに過ぎない」と語った．しかし，アインシュタインは1940年，米国陸軍がフェルミとシラードの国家機密関与を拒否しようとした時に，再び決定的な役割を演じなければならなかった．

調査官は，「信頼性の高い情報源」からの情報をもとに，事実と矛盾する結論を下した．

ファシズム政権からの逃亡者だったフェルミを「疑う余地のないファシスト」とし，ナチスに脅かされているシラードを「正真正銘の親独派」と決めつけた．ドイツが戦争に勝つかもしれないというシラードの嘆きが，誤解の原因になったのかもしれない．この報告書ではシラードの名前を2通りに綴っていて，どちらの綴りも間違っていた．

陸軍は問題にしている秘密研究が，フェルミとシラードの頭の中にしかないにもかかわらず，国家の機密研究にこの2人を雇うべきではない，との結論を出した．陸軍の主張が通っていれば，資金は途絶え，フェルミとシラードによってやっと芽が出たばかりの米国の原子力研究は中止されただろう．

ホワイトハウスの圧力でFBIに「彼らの米国への忠誠心を確認せよ」という指示が出され，この誤解は解けた．FBI長官フーバーは，捜査官をアインシュタインのもとに送った（アインシュタインの平和主義的な考え方は，後に彼自身の忠誠心が疑われる原因になった）．アインシュタインの保証で1940年11月にコロンビア大学に投じられた．だが，フェルミとシラードに対する疑いが晴れたのは，彼らが数年後に市民権を取ってからだった．

フェルミの研究グループは，資金を得て連鎖反応に最適なウランと黒鉛の比率や配置を調べるため，「パイル」（シラードの格子）を作り上げる体系だった研究に入った．日本軍の真珠湾攻撃の前日（12月7日）に，ルーズベルト大統領は原爆開発の支出を承認した．1942年春に，フェルミやシラードは，コロンビア大学に設立された「冶金研究所」に移った．6月には陸軍のマンハッタン計画に，この研究が引き継がれた．

ドイツでは皮肉なことに，同じ頃戦争に役立たないとして，原爆の研究を縮小した．

秋には，黒鉛のブロックにウランの球を埋め込んだパイルが建設された．1942 年 12 月 2 日，大学の「スタッグフィールド」フットボール場にあるスカッシュのコートルームで，フェルミの指揮下，世界で最初の制御された核連鎖反応が実現した．この歴史的な実験の後，気がつくとフェルミとシラードは彼らの原子炉のそばで 2 人きりになっていた．彼らは握手した．

シラードは「この日は人類の歴史に暗黒の日として残るだろう，と彼に言った」*1 と回想している．

*1　アメリカの優秀な科学者数十名によるマンハッタン計画研究は荒原のロスアラモスで行われ，遂に原子爆弾製造研究に成功し，実施を行い完成した．その時，総責任者のオッペンハイマーはヒンズー教の教典より“我は死神となり，世界を破滅させり”とつぶやいたと言われている．

アメリカで行われた実際のクロマト分離

以下に記載する画期的な諸研究はトンプキンソン，コーン等によって，初めて 1947 年の米国科学会誌上に公にされたのであるが，問題の重要性と戦時中の研究であった事から，決して最良の条件を探索する余裕があったわけではないことに注目してよい．今日ではやや古典的とはなったが，彼等の具体的な分離方法を紹介する．この方面の研究成果は少しの文献以外には殆ど知る事が出来ない状態であり資料が極めて不足である．

試料：原子炉内においては U^{235} を含む U^{233} が原料となり，これに熱中性子が照射されると U^{235} は分裂して同時に 2～3 個の中性子を生じ，いわゆる連鎖反応を惹き起こす．

$$U^{238}\text{は}\,{}_{92}U^{238} + {}_{0}n1 \xrightarrow{\gamma} {}_{92}U^{239} \xrightarrow[\text{23分}]{\beta} {}_{93}Np^{239} \xrightarrow[\text{2, 3日}]{\beta} {}_{94}Pu^{239} \xrightarrow[\text{24000年}]{\alpha} {}_{92}U^{235}\,(AcU)$$

なる反応によって Pu^{239} がとり出される形となる．しがって炉を相当期間運転した後，取り出されるものは U，Pu の他に強い放射能を帯びた分裂生成物の混合物となっている．

溶媒抽出（エーテル抽出）法等の操作によって U と Pu とを除いたあとの

試料は複雑な組成のものとなる．

ここでは炉からとり出して30～90日目の試料を用いているので短い寿命のものは検出されなくなりfission yieldが悪く半減期1週間以内のものは一応無視されるからI^{131}（8日）のようなものも殆どないと考えてよい．

分離操作に至るまでの化学処理によってFe，NH_4^+，NO_3^-等を含んでいるが，これらはそれぞれisopropyl etherによる抽出やHCl酸性で蒸発することによって大部分除かれた．放射能は0.1～1 Curieにも及ぶ試料であるが，～0.1N　HCl溶液で固形分として1 g以下の試料がえられる．これをイオン交換分離によって各元素に分別し，固形分1 mg / 100 mC以下の95～98％程度の純度（放射化学的純度）のものを採取している．

イオン交換樹脂：Amberlite IR-1，HR形（3NHClで処理）40～60メッシュ，1 cm^3 ×100 cmのカラムとする，流速1～2 c c/ cm^2 / 分（cm / 分）．

分離操作

（1）まず試料溶液（0.01～0.1 NHCl）を加える．吸着されないRu，Te，Iの混合物が濾液にえられる．このとき更に0.25～0.5M　H_2SO_4で洗うとRuのカラムに残留した部分が溶出する．

（2）0.5％シュウ酸水溶液でZr，Nbが溶出する．（この部分は更に陰イオン交換によってZrとNbとに分離しうる

（3）5％酒石酸またはクエン酸溶液，pH 2.7～3.3，で稀土がY，Ceの二つのピークをつくって溶出する．

（4）次に同液pH5～6でSr，Baがすべて分離されて溶出する．

第8章

液体クロマトグラフィーの原理と装置

液体クロマトグラフィーは，固定相として適当な充塡剤を詰めたカラム中に，移動相として液体をポンプなどで加圧して流すことにより，カラムに注入された混合物を固定相に対する保持力の差を利用してそれぞれの成分に分離，分析する方法であり，液体試料または溶液にできる試料に適用でき確認試験，純度試験および定量法などに用いる．

(1) 液体クロマトグラフィー用装置の概略図

通例，移動相送液用ポンプ，試料導入部，カラム，検出器および記録装置からなり，必要に応じてカラムは，恒温槽などにより恒温に保たれる．ポンプは，カラムおよび連結チューブなどの中を一定流量で移動相を送液できるものである．検出器は，通例，紫外および可視の吸光光度計，示差屈折計，蛍光光度計など移動相とは異なる試料の性質を検出するものであり，通例，数μg以下の試料に対して濃度に比例した信号を出すものである．検出器によって得られる信号の強さは記録装置により記録される．検出器としては紫外，可視吸光光度計が一般的に広く用いられており，蛍光光度計，示差屈折計なども使用される．記録装置としては，記録計の他にデーター処理装置を接続して迅速に定量して行くことが多くなっている．

分離度合いは試料が多くなると著しくおちるため，出来るだけ少量として感度を上げて測定する，分取クロマトでは試料を多くする方を選択する．

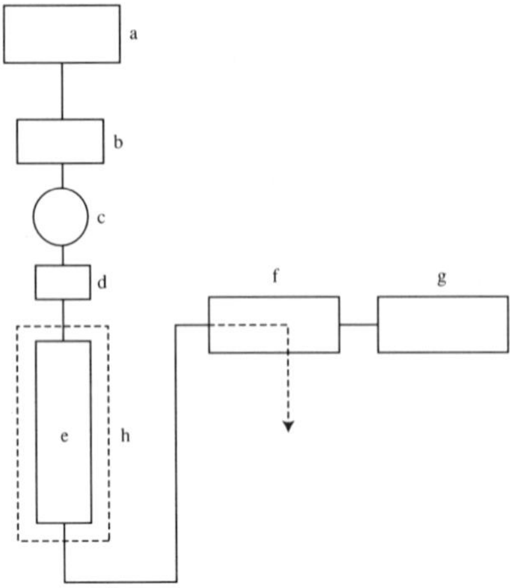

a：移動相
b：移動相送液用ポンプ
c：圧力計
d：試料導入部
e：カラム
f：検出器
g：記録装置またはデータ処理装置
h：恒温槽

図 8-1　液体クロマトグラフィー用装置の概略図

図 8-2　現在のコンピューター化された微量分析用クロマトグラフィー（日本分光製）
（あぐり（有）－金亀建設提供）

（2）操作法

装置をあらかじめ調整した後，別に規定する条件で検出器，カラム，移動相を用い，移動相を一定流量で流してカラムを規定の温度で平衡にした後，別に規定する方法で調製した検液または標準液もしくは比較液をマイクロシリンジまたは試料バルブを用いて試料導入部から注入する．分離された成分を検出器により検出し，記録装置を用いてクロマトグラムとして記録させる．試料の確認は，保持時間が一致すること，または標準試料を添加してピークの幅が広がらないことで行う．定量は，ピーク高さまたはピーク面積を用いて行い，通例，内部標準法によるが，適当な内部標準物質の得られない場合は，絶対検量線法による．

（1）内部標準法別に規定する内部標準物質の一定量に対して標準被検成分を段階的に加えた標準液を数種類調製する．この一定量ずつを注入して得られたクロマトグラムから，標準被検成分のピーク高さまたはピーク面積と内部標準物質のピーク高さまたはピーク面積との比を求める．この比を縦軸に，標準被検成分量を横軸にとり，検量線を作成する．

この検量線は，通例，原点を通る直線となる．次に同量の内部標準物質を加えた検液を別に規定する方法で調製し，検量線を作成したときと同一条件でクロマトグラムを記録させ，被検成分のピーク高さまたはピーク面積と，内部標準物質のピーク高さまたはピーク面積との比を求め，検量線を用いて定量を行う．内部標準法（Internal standard Method）は試料の注入量などを厳密に一定にしなくてもよいので，一般的に用いられる方法である．内部標準物質の選定は①試料のピークと重ならず，リテンションタイムが近いものであること，②化学的に安定で，試料または溶媒と反応しないものであること，③入手が容易で，純品が得られ，安価なものであること，④毒性がないものであることが要求される．

（2）絶対検量線法標準被検成分を段階的に採り，標準液を調製し，この一定量ずつを正確に量って注入する．得られたクロマトグラムから求めた標準被検成分のピーク高さまたはピーク面積を縦軸に，標準被検成分量を横軸にとり，検量線を作成する．この検量線は，通例，原点を通る直線となる．次に別に規定する方法で検液を調製し，検量線を作成したときと同一条件でクロマトグラムを記録させ，被検成分のピーク高さまたはピーク面積を測定し 1 検量線を用いて定量を行う．絶対検量線法は適当な内部標準物質がない場合に用いる操作条件のわずかな変動でも測定値に大きく影響するので設定に注意しなければならない．

なお，ピーク高さまたはピーク面積は，通例，次の方法を用いて測定する．

①ピーク高さ　ピークの頂点から記録紙の横軸へおろした垂線とピークの両すそを結ぶ接線との交点から頂点までの長さを測定する．

②ピーク面積　次のいずれかの方法を用いる．

1）半値幅法　ピーク高さの中点におけるピーク幅にピーク高さを乗じる．

2）重量法　記録紙のピークを直接切り抜き，その重量を測定する．

3）自動積分法　検出器からの信号を自動積分計を用いて測定する．半値幅法は著しいテーリングが認められるピークの場合には適用しない．自動積分計にはピーク高さなども同時に記録されるようになっているものも多く，データ・プロセッサなどの名称で市販されている．

(3) 分離原理の解説

液体クロマトグラフィー（Liquid chromatography）は移動相に液体を用いるクロマトグラフ法としてツウェットが初めて物質の分離に用いて以来，カラムクロマトグラフィーとして体系づけられて物質の分離精製の手法として広く用いられてきた．その後，固定相を詰めたカラムの代りに濾紙を用い濾紙クロマトグラフィー，更に固定相をガラス板上に薄い層として塗って用いる薄層クロマトグラフィーへと発展し，簡便な分析方法として利用されている．

また，移動相に気体を用いるガスクロマトグラフィーは1950年代に導入され，めざましい普及をみせたが，この方法の理論の発展に伴って，迅速な分離分析のためには移動相が気体であることが必ずしも必要でないとされ，1970年頃からカラムクロマトグラフィーの迅速化が試みられた．高圧に耐える充填剤の発見，高圧送液ポンプの開発は，迅速で高い分離能を持つ分析法としての高速液体クロマトグラフィー（High performance liquid chromatography, High-Pressure liquid chromatography，HPLC）への発展をもたらした．

高速液体クロマトグラフィーはカラムを用い，移動相が液体であることで従来のカラムクロマトグラフィーに似ているが，分析時間が速いということから高速といわれる．しかし，最近では高分解能液体クロマトグラフィー（High resolution liquid chromatography）の名称も見られる．本法は常温付近で分析が行えるため，高温で分解しやすい物質に応用でき，溶液になる試料すべてに適用できる．

カラム管は通常ステンレス鋼・ガラス・テフロン材質のものが使用される．ステンレス鋼は耐圧性にはすぐれているが，酸性で腐食性の強い溶媒には使用できない．ガラスおよびテフロンはカラムの内径が細い場合には耐圧性が高く，腐食性溶媒にも耐える点ではステンレス鋼よりもすぐれている．

充塡剤は一般にシリカゲルを基本とし，そのまま，またはオクタデシル基，フェニル基，水酸基，イオン交換基などの官能基を化学結合させたもので，ポリスチレンもしくはメタクリル酸系ゲル，アルミナゲル，ガラスビーズなどが基体として用いられることもある．

充塡剤は表面多孔性，全多孔性，ポーラスポリマー（多孔質合成高分子の総称）へと改良が加えられ，年々性能が向上しつつある．充塡剤の種類は多く，いろいろな名称が付けられて市販されている．

充塡剤をカラムに充塡するには通常充塡剤を移動相の液体などを用いてスラリーとして詰める．

カラムの効率は通常理論段数 N によって示される．理論段数は蒸留，抽出に用いられている段理論から導かれる．

クロマトグラフィーの場合カラムが多数の段からできているものと考え，それぞれの段において試料の K’が一定で固定相，移動相間で常に平衡に達していると仮定し，初めの段に注入された試料が移動相によってカラムから溶出されるときのクロマトグラムから理論段の数を計算によって求めるものである．N は各ピークの変曲点における接線がベ一スラインを切る点の幅 W と tR から次のようにして求められる．

$$N = 16 \times (tR / W)^2$$

W は時間を単位として表しているが，tR の代わりに保持容量を用いるときには，それぞれの時間に定流量が送液されている移動相の流量を乗じる．したがって，N が大きいほどピーク幅は狭く，カラム効率は高いといえる．なお，N を求める場合には K’が一定であることが前提となるため，カラムは移動相と平衡状態にあることが必要である．通例，市販のカラムでは例えば，理論段数6,000段以上というようにカラムの性能検査表が貼付されている．

カラムに注入された混合物は各成分に固有の比率K'で，移動相と固定相に分布する．

K'＝固定相に存在する／移動相に存在する量

この比率K'は，液体クロマトグラフィーでは質量分布比K'と呼ばれる．K'とtR（試料注入時よりピークの頂点が溶出されるまでの時間）との間には次の関係があるので，同一カラムについて温度と移動相の組成および流量が一定の場合，tRは物質に固有の値tR＝（1＋K'）t_0となる．なおt_0はK'＝0の物質の試料注入時からピーク頂点までの時間である．

液体クロマトグラフィーによる分離能を表すには分離度Rsがあり，次の式で定義される．すなわち，

$$Rs = tr_2 - tr_1 / (W_1 + W_2) / 2$$

ここで，tr_1，tr_2およびW_1，W_2はそれぞれ2種類の物質のtRとピーク幅である．ピーク幅は各ピークのピーク高さの中点における幅である．Rsが大きいほど分離能は良くなるので信頼できる結果を得るには規定の分析条件下で一定以上の分離度を持つカラムを使用する必要がある．

通例，分離定量にはRs＝1以上であることが要求される．クロマトグラフィー上のピークの形が正規分布型から外れて，ピークがtRの長い方に尾を引く現象をテーリングという．また，その逆リーデングという．

テーリングには化学テーリング溶媒テーリングがあり，前者は固定相が適切でない場合に，後者は他の多量成分のピークが重なる時に現れる．クロマトグラフィー上のピークのテーリングの度合は，テーリング係数Tとして次の式で定義される．すなわち

$$T = W_{0.05} / 2f$$

$W_{0.05}$：ピークの基線からピークの高さにおけるピーク幅

f：$W_{0.05}$　のピーク幅をピークの頂点から記録紙の横軸へ下ろした垂線で二分したときのピークの立ち上がり側の距離．

物質の検出には紫外・可視吸光光度計，蛍光光度計，示差屈折計，質量分析計などが用いられる．吸収，蛍光のない物質の場合にはHPLCを行う前に化学反応もしくは酵素反応による呈色，または蛍光反応を利用して検出すること

もある.

検出器の感度は紫外・可視吸光光度計で nmole 程度，蛍光光度計で pmole 程度の試料が分析できるといわれる.

また，クロマトグラムの試料ピークが溶出した時点で移動相の送流を止め，紫外，可視スペクトルもしくは蛍光スペクトルを記録することによりリテンションタイムに加えてスペクトルによるピークの同定を行うこともできる．化学反応を用いることのできるのは本法の利点の一つであり自動反応装置を分析装置の中に組み込むことができる．化学反応による方法としては，アミノ酸分析におけるニンヒドリン呈色法，アミン類，糖類の発色蛍光反応用いられている.

(4) ツウェット博士の当初のクロマトグラフィー

図8-3に示すように，内径5～10 mm，長さ約15 cmのガラス管の一端を細くし，ビニール管をはめてピンチコックで閉める．下端にガラスウールか脱脂綿を詰めて，その上に市販のシリカゲルかアルミナを石油エーテルに分散させて流し込み，ピンチコックを開けて石油エーテルを流下させると，シリカゲルはガラス管の底からだんだん積ってゆく．ガラスウールを詰めた底から約10

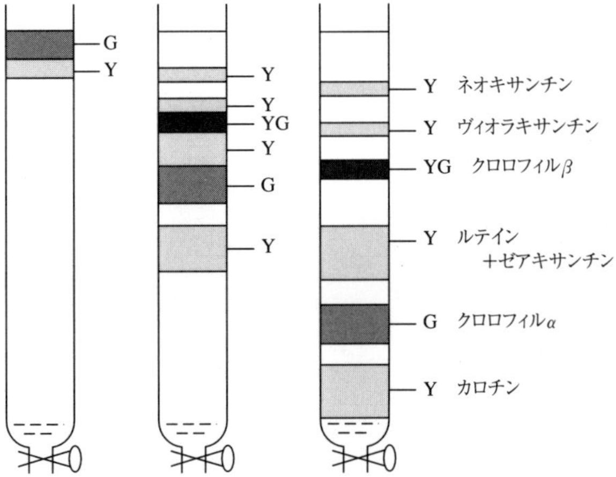

図8-3

cm のところまでシリカゲルが詰まったところで止め，その上は石油エーテルがかすかに上端を浸している程度に満たしてピンチコックを閉める．

一方，手近にある植物の葉を数枚切り刻み，細かい清浄な砂を少量混ぜて乳鉢ですりつぶし，石油エーテルを加えると石油エーテル層には植物の葉の中の色素が抽出される．この抽出液 0.5～1 m*l* をピペットで，先に作ったガラス管中のシリカゲルの上に添加する．ピンチコックを開けて徐々に上端の色素抽出液をシリカゲルの上層部に浸み込ませる．浸み込んだところでさらに石油エーテルを加え，コックを開けて滴下させながら石油エーテルを加えつづけると，色素がシリカゲルの中を流下するにつれて，横から帯状に薄い褐色，黄色，緑色をした帯が現れる．こうして石油エーテルを加えつづけると，最下端の帯が出口のガラスウールに近づいた頃には，ガラス管中のシリカゲルには図 8-3 に示すようにそれぞれの帯状の色素が十分に分離した状態が現れる．このような方法でツウェットはクロロフィルに α と β と名づける 2 種類の色素が存在することを示し，その抽出物の吸収スペクトルの特性を記述している．

コーヒータイム

クロマトグラフィーにおける分離の説明

クロマトグラフィーは，吸着作用によってその分離が達成される．その原理を解りやすく説明すると次のようになる．

ある会社の新入社員 10 名をある程度分けてみたいと思うとき，その手法としてクロマトグラフィーの原理を用いて行ってみる．

1. 10 人集めて A 商店街を自由に通る．
2. B 公園の前に 10:30 に集まる（B 公園からバスに乗って C へ行くと話す）
3. 9:00 に A 商店街を出発．ゆっくりと歩いて 30 分で通りぬけれる距離．

（解説）A 駅から出発．B 公園からのバスの出発時間には 1 時間 30 分ほどの時間がある．緑の公園が好きな人は早く着くでしょう．書店，レコード店，時計店，スポーツ店が商店街にあるので興味のある人は吸着されて遅くなってくる．お金のない人は見ても仕方がないので早くなるであろう．このようにして，その人の興味の大きさ，種類によって分類されてくる．これを遠くの屋上から見るとすれば，各々の社員が分離されて行く様子がわかる．

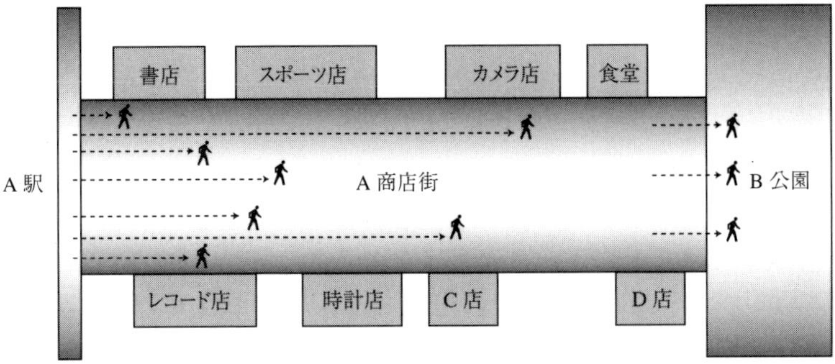

第9章
世界のツウェット研究者との対談

(1) アスティーのワイン研究所の Olo. Dede 博士と T. Edoard 研究員を訪れる

イタリア北西部　サボオア地方のワイン研究所を訪れて
ーIstitute Sperimentale-Enologia in Astyー

イタリア北西部の町アスティー（巻頭写真 3）を訪れ，その町の丘を登った所にあるワイン研究所（Istitute SperimentaleEnologia in Asty）を訪れた．そのきっかけとなったのはクロマトグラフィーの創始者，M. S. ツウェットの生まれた町，アスティーを訪れることと，その文献を豊富に揃えているジュネーブ大学の図書館を訪ねる行程を考えているときであった．私の専門は分取クロマトグラフィーなので，クロマトグラフィーを研究している食品素材関係の研究所を帰り道に寄って行きたいと考えるようになった．Jounal of chromatography や Food chemistry の論文誌などで上述の私の専門に近い研究所，研究者を見つけ e-mail，手紙で意見を交換し合い，訪問日時，時間を合わせて研究内容についても打ち合わせをした．

イタリア北西部の中世の町・アスティー

アスティー（Asti）は 12 世紀から栄えた“百塔の町”としてよく知られている．現在の人口は 15 万人前後の小じんまりとした町であるが，中世には交易の中心地として栄えた町である．その当時は交易交通の要衝で貿易センターのような存在であった．ワイン研究所も小高い丘を登った所にあるけれども，町全体がモンフェラットの丘陵のふもとに位置するのである．町の中心は三角形をしたヴィットリオ，アルフィーフェリーリ広場でここを中心に町が広がっている．私の泊まったホテル・リアルはその広場からもう一段上に登った広場の一角にあった．町全体は幾つかの広場を中心にまとまっていた．1 時間も散策すればほとんど見て回ることができ，その建物の中で印象的であったのは，歩いていたら突然現れたように感ずる高い“トローヤ塔”である．このように突如として中世の高い塔や館が現れてくるのがアスティーの町である．このイタリア北西部サボオア地方の中世の町はよく似ていて，隣町のアルバ（Alba），ブラ（Bura）なども同じような雰囲気をかもし出していた．土日は商店は閉まるけれど，幾つかの広場はバザールで大にぎわいである．

ワイン研究所・ISTITUTO SPERMENTALE PER LENOLOGIA

アスティーの広場のふもとにあるホテル・リアルより，約束の時間 30 分前に V. D. Oro 博士に電話をした．電話での話では歩いて 5〜6 分の所にワイン研究所があるという．念のためにホテルの親切な女主人に道を確認して，朝の 9 時 40 分にホテルを出た．石畳の登り道の突き当たりに三角の高い塔が見える．その横の小さな広場を右に回り，Pietro Mica 通りに出る．その通りを下り 5〜6 分すると，住宅のようでガッチリした石造りの研究所が見える．見えるといっても，横を通ったのでは見えず，道路を挟んで正面からでないと分からない．研究所の左右に緑の木々が見えるので，それらしき感じはつかめる．大きな木造建物の間を抜けると，背の高い北イタリアの好青年が迎えてくれた．私が丁寧に挨拶しようとすると『私は Oro 博士ではなく，助手をしている T. Edoardo です.』と言う．肝心の Oro 博士は部屋の奥で電話に出ている．後ろ姿を見ると女性らしい．これにはいささか私も戸惑った．Oro 博士はてっきり男性だと思っていたので……．ともあれ，行ってみると早めに電話を切り上げた様子で（イタリア人の電話は何時も長い），私と挨拶を交わした後，3 人でワインのおいしさについて話をした．まず私がお客様という事で，ワインの熟成の判定技法について説明をした．私の場合は液体クロマトグラフィーを活用，駆使して新しい技法に関して説明をした．この課題については Oro 博士の方が熱心で，どのような溶離液，どのようなカラム，検出器を用いるのか等と質問が多く返ってきた．私のお土産にと準備してくれていた赤ワイン，白ワインを手元に引き寄せ，どのようにこの試料を処理して液体クロマトグラフィーに注入し，どのようにデータを処理するのか質問された．私の開発した手法はまだ十分とは言えない所もあるけれども，大半は正確に答えられたので，Oro 博士も理解していたようであった．もちろん，著者はイタリア語が理解できないので，英語をコミュニケーションの道具として用いた．拙い英語が分かりにくい所は手振り，足ぶり，スケッチで十分理解しあえた．

次に新しいフラッシュクロマトグラフィーについて話し合った．

新規のフラッシュクロマトグラフィーの説明は，設計図を見ながらゆっくり丁寧に話した．T. Edoardo と Oro 博士は，その装置の巧みさに少し驚いて，活用度について打ち合わせることになった．一昨年，オランダのワーゲニンゲン大学とデンマークの KVL 大学（国立）とでデモンストレーションを行った時（授業）の写真があったので，それを示しながら話すと，より理解が深まり有意義であった．その後，Edoardo から，ワイン製造中のワイン製品からの香り成分の変化について説明を受けた．少々打ち合わせに熱が入ったようだ．実際の実験室に移り，ガス吸収装置や熱分解装置，NMR を見ながら詳しい説明を聞いた．実験室は小じんまりしているが必要な装置は揃っていて，使いやすい感じがした．その実験室の主研究員である方がとても英語が上手で（イタリア人では珍しいかもしれない），うまく説明してくれたので，『あなたはオックスフォードとケンブリッジに何年か住んでいたのですか？』というユーモアを私が発すると，何とか通じたようで，ニッコリ笑って，“クッヂュー　コーヒー Could you a cup of coffee”ということになり実験室の片隅でコーヒータイ

図9-1　左より Edoardo，著者，Dell Oro博士，研究者

ムとなった.

このワイン研究所の人達は皆，人懐っこく，いつの間にか私のまわりに何人かの人達がいて，「写真を撮ろう」というと，喜んで一緒に写した．その後，Oro 博士の部屋に戻り，彼女の研究について話を聞いた.

Dell Oro 博士の研究内容

題名とアグストラクトは論文の英文のごとくであるので解釈する必要があるけれども，その論文の内容をインタビューも含めてかいつまんで紹介しておく．「発酵酒の重要なパラメーターとして香気成分の構成は重要です．最終に出てくるフレーバーでもある酵母臭，特にカルボキシルエステルの影響は大きいものです．いくつかの加水分解酵素，例えばカルボキシルエステラーゼ（E. C. 3.1.1.1）が酵母によって造られます．そのことは一般的にはアルコール発酵過程でエステルの濃度が上がります．だから酵素，エステラーゼ活性は製造工程上重要なことなのです．特にワイン製造，発酵上で，そのかもし出すフレバー，アロマーが生じてくるメカニズム，あるいはその成分の性質を把握することは大切な研究なのです……」とワイン研究の話が続く．その後，この論文は原料と技法，バッファーの作り方，保存方法，アッセイ測定方法，検量線作成法，結果，ディスカッションでまとめられている．結果的には十分正確で迅速なエステラーゼ活性技法を分光光度計を用いて開発されたことを示している.

インタビューの途中，Dell Oro 博士は時々笑みを浮かべつつ，文献を再度チェックしながら答えて頂いた．また，クロマトグラフィーでも種々の工夫が可能であることを話されていた．イタリア語の論文を 2 つ 3 つ簡単に英語で説明してくださる優しい先生であった．討論の落ち着いたところでツウェットについて私がおもむろに話し始めることにした（訪問する前にツウェットに関する研究については，便りで私の調べたことを送っていた).

このツウェットに関して，興味を示してくれたのは，T. Edoard であった．彼は熱心に私の話を聞いてくれ，答えてくれた.

「ツウェットの研究者の第一人者のロシアのサコディンスキーが 1970 年代に，この地（ツウェットの生まれた町）アスティーを訪れて，ツウェットの講演会を開いているのを，私はある文献で捜した．その講演会の小冊子が，イタリアの小さな出版社より出ているというので調べた．それで，その出版社名とその小冊子に関して，調べて帰りたい」と言う私の要望に，T. Edoard は「あなたのメールで，あなたがたいそうツウェットに関して興味を持って研究していることを知って，アスティー生まれの私もとても嬉しい．さて，あなたが調査したい出版社の社名は分かりますか？　それから，その講演会名と小冊子の題名は分かりますか？」「ミラノの Carbo 社です．講演会名は「ツウェ

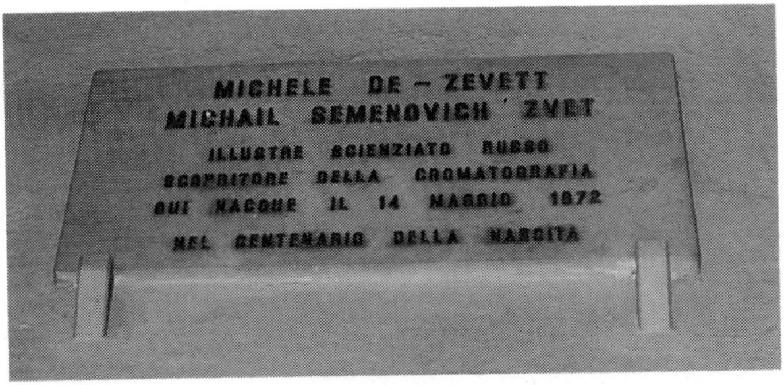

図 9-2　ツウェットが生まれたホテル・リアルの入口上部にかかげてあるメモリアルプレート．ホテルの女主人と一緒に写す（イタリア語のプレート）．

図 9-3　イタリアのワイン研究所から送ってもらったツウェットの小冊子表紙．by T. Edoard.

ットの研究と生涯」で小冊子名は「Tswetts study and life」です」

それから，いかにツウェットがクロマトグラフィーを発見，発明し，そのクロマトグラフィーの科学研究への貢献がいかに大きかったかについて話した．話も弾み，お昼過ぎになったので，高い塔が居並ぶ散歩道を下って，ツウェットが生まれたホテル・リアルへと帰った．

私は帰るや否や，興奮覚めやらぬ感じで女主人に「このホテルはツウェットが生まれたホテルでしょう……」と聞いた．女主人は何か考えていたがフト思い出した様子で，「この入り口の上の方にその人のプレートがあります」と言う．二人で急いで外に出て，そのメモリアルプレート（図9-2）を眺めた．

PS．帰国してから数ヶ月後，T. Edoard から一通の分厚い封筒が届いた．その中には，彼と打ち合わせた「Tswett 博士小冊子（Tswetts study and life)」が入っていた．この数ヶ月間，彼は根気強く捜していてくれたのだ．その誠実さに私は感謝した（図9-3）．

(2) ジュネーブ大学植物園の図書館長 P. ペレット氏訪問

ツウェットはジュネーブ大学の自然科学科を 1894 年に卒業している．そしてジュネーブ大学の植物園で研究を続けていた．すなわち，ツウェットの研究の場はジュネーブ大学植物園になったのである．それ以後ツウェットの研究の場はロシア，ポーランド等幾多の町々に移るのであるが，100 年過ぎた今，ツウェットの研究に関する物の多くがここの図書館に保存されているのである．ツウェットが研究した場所はジュネーブ大学中では，ほとんどこの植物園内の研究室であった．その成果が1894 年の H. デービー賞に輝いた．

ちなみにジュネーブ大学植物園はジュネーブ大学の北 3 キロメートルに位置し，美しいレマン湖のほとりにある．

図書館長 P. ペレット氏とはジュネーブ大学植物園を訪れる半年前からコンタクトをとり，ツウェットの研究文献調査については入念にうちあわせていた．そのおかげがあり，私が早朝訪れたにもかかわらず，2 人の助手と館長 P. ペレット氏が図書館の入り口で出迎えていてくれた．

その日の朝，ツウェット博士の研究の場である植物園へ足を運んだ．ジュネーブ植物園が開くと同時に，植物園に入った．私はもう気分は学生時代のツウェット先生になったつもり，足が地につかず，浮いた感じがした．

そして，2 人の助手と館長 P. ペレット氏がいる図書館へ入った．P. ペレット氏と挨拶を交わして文献調査室に入った．そこには，ツウェット先生に関する全てものが大きな机いっぱいに並べてあった（巻頭写真 10，11）．

それは私の想像をはるかに，上回るもので，感動してしまった．

その内容物を吟味しながら P. ペレット氏と話は，進んだ．

良い雰囲気になり，彼がツウェット先生のフランス語の手紙をゆっくり英訳してくれることになった．私にとって大変有りがたいこととなった．そして彼はツウェット先生の文字がとても美しいと言い，すばらしい良い文章になっていると褒めながら説明を続けてくれた（私はまるで身内の者をほめてもらったかのように嬉しかった）．

この英訳は私の宝物となった．いつの日か小冊子にまとめてみたいと思っている．

次に私はツウェット先生の大きなカバンの件について切り出した．

“ツウェット先生は大きなカバンが好きでいつも持ち歩いていたということを私はロシアの文献で以前調べた，この写真のこれは，大きなカバンではないでしょうか？”

その写真（ p56 コーヒータイム写真）はツウェット先生と仲間が写っているもので，机の下，ツウェット先生のすぐそばにカバンらしきものが薄暗く写っている．P. ピレット氏はしばらく見ていた．そして私の目を見て，「あなたにそう見えるのなら，間違いなく，それは大きなカバンでしょう，同意します」と言ってくれた．そして，「もっとハッキリ見えるものが地下の写真保管棚にあるかもしれないから一緒に探してみよう」と言ってほほ笑んでくれた．それで，急いで 2 人で地下室に入り，古式写真棚コーナーを見つけて，棚の写真集を年代別に調べた．

棚の写真集は割腹のいい紳士（偉い人々）達のオンパレードが続き，我々はワクワクして，それらしきものを一生懸命探したが残念ながら見つからなかった．

やはり，ツウェット先生に関する全てものは P. ピレット氏の準備した大きな机いっぱいものだけだったのである．

図9-4　植物園図書館にてP. ペレット氏と共に

図9-5　ジュネーブ大学の植物園の中央にある博物館（著者　撮影）

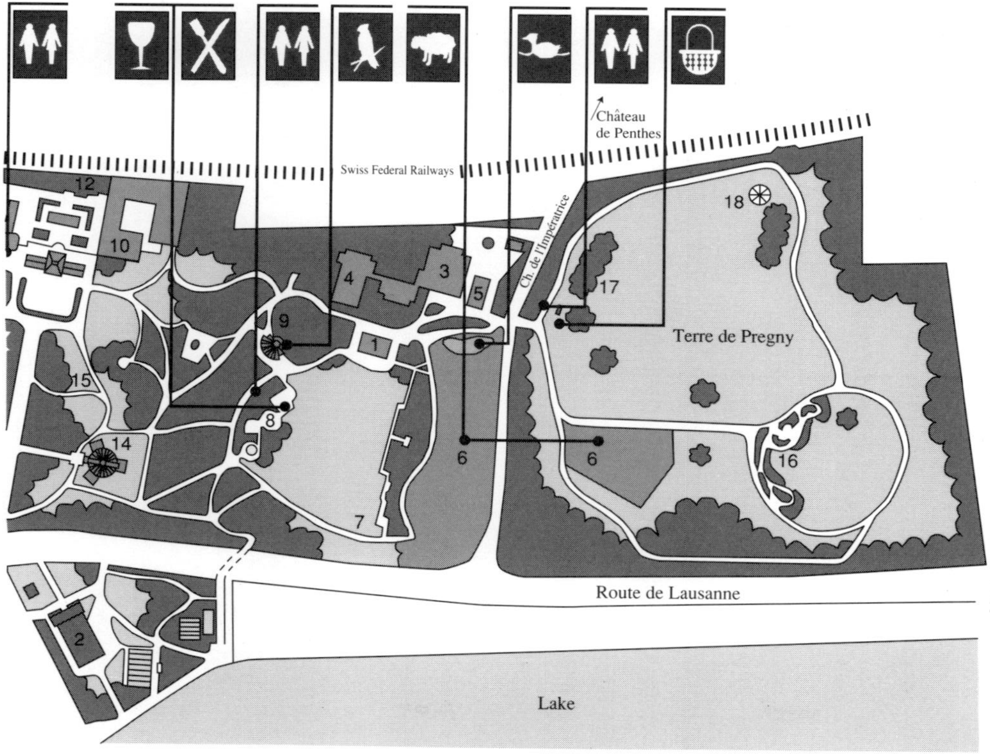

1 "Le Chêne"-Administrative building-Reception-Exhibitions
2 "La Console" (herbaria)
3 Library and main herbaria
4 University laboratory
5 Botanic shop
6 Animal park
7 Horticultural beds
8 Refreshment stall-Playground
9 Aviary
10 Gardeners' offices and tool depot
11 Winter garden (tropical greenhouse)
12 Flower-decked wall
13 Exhibition greenhouse
14 Temperate greenhouse
15 Economically useful and medicinal plants
16 Garden of scent and touch
17 Picnic and leisure area
18 Historical rose garden
19 Green workshop (educational)
20 Rock gardens

図9-6　ジュネーブのレマン湖のほとりにある植物園の園内のレイアウト－ジュネーブ植物（図書館含む）

しかし，我々はワクワクして，汗をながし，労働したしたさわやかさを味わえて，良い雰囲気となった．最後に P. ピレット氏が見せてくれたものは，ツウェットの結婚式のために，彼の父親が銀行にお金を振り込んだというツウェット宛の知らせの手紙であった．

P. ピレット氏は「その当時としてはかなりの，金額で息子思いと結婚式を祝ってのことに違いない」と私に説明した．

(3) スイスのツウェット博士の研究者，ベロニカ・メイヤー (Meyer) 博士

— スイスの山の中の研究者 —

便りと e-mail でベロニカ博士と交信していて，便りの中の文面や地図をながめて，スイスの風景，湖の奥の山の中の静かな研究所を思い浮かべていた．その日はツウェット先生の研究の場，ジュネーブ大学の植物園から朝出かけた．スイス国鉄のジュネーブ駅を出発して 1 時間以上たったがまだレマン湖のほとりを特急列車は走っている．スイスの首都チューリッヒを越え，どんどん湖の奥へ，山の奥へと突き進む．

私は山の町サンクト・ガレンをめざし，春の待ち遠しい野原，林を車窓ごしにながめて進んだ．4 時間以上走り，夕映えで美しい駅舎サンクト・ガレンについたのは夕刻の 5 時過ぎであった．

6 時 30 分にベロニカ博士と研究所内で逢うことにしていたので駅前の美しいホテルに予約を取りその部屋から出発出来た．

サンクト・ガレンは世界遺産の歴史地区に指定されている由緒正しき中世の町である．美しい町並みを窓外に見ながら，ベロニカ博士への質問英文を丸暗記する．階段を降りて，バスに乗り化学研究所（EST）へと向かう（山の中の研究所を思い浮かべながら…）．私はバスを降りて歩く，目の前にとても大きなビルが 4 棟も突っ立ている．大きな大きな研究所であった．私のロマンチックな想像は，ハネがついてどこかに飛んで行った．大きなガラスの前に立つと，そこに運よく，はり紙を見つけることが出来た．「ようこそ，Dr. I. Matsushita」というもので，12 番に電話して下さいとの事であった．その数分後，私は大

きなビルのエレベーターで 8 階に入り，ベロニカ博士の研究室で，クロマトグラフィーを見ながら話しを始める事が出来た．

ベロイカ博士の印象は，いかにも研究者らしく，ひきしまっていた．

私はツウェット先生に関する質問をした．ベロイカ博士は自らの論文を見ながら，丁寧に答えてくれた．

「あなたの以前の論文の中にツウェット先生に関するものが 2，3 あり，私はその論文を概略読んでおりますが，なぜ，あなたはツウェットに興味をもったのでしょうか，アメリカの L. S. エテレとの共著がありますが，そのいきさつなどを教えていただきたい」と私はたずねた．

ベロニカ博士は「そうですね，ツウェットに関する研究はもうだいぶ以前のことであり，そう 10 年前のことになります．ツウェットに関する研究は昔の恋人（Old love）のようです．2 つ目の論文はある学会でアメリカの L. S. エテレと知り合い，L. S. エテレからの話でお互い分担して進めました．L. S. エテレはとてもフランクな性格の人で，楽しく書き上げることができました．

ツウェットの最初のカラムに関する研究では数学的な手法でカラム性能を評価しました．ツウェットの最初のカラムは意外に小さいもので，昔の文献を調べて実施しました．」

また，「ツウェットに関する研究についてのあなたの考えをお聞きしたい，また，現在のあなたのクロマトに関する研究について教えてください」とお願いすると，「ツウェットに関する研究についてはロシアの K. サコディンスキー，ベェレツキィン（V. Berezkin），それから，先ほどの，L. S. エテレらが幅広く，深く調べているのでこのあと，私が調べることはないように思う．そうもう，ツウェットに関する研究は昔の恋人（Old love）のようです．私の今後のクロマトに関する研究については，微量分析に適した新しい分析手法の開発にあります．クロマトに限らず各機器の融合も視野に入れて進めている」とベロニカ博士は答えてくれた．

この打ち合わせ中に，しばしば「ツウェットはエクセレントな科学者であった」という言葉を発したのが印象的であった．この研究打ち合わせのすぐ後，私はこのベロイカ博士を何とか笑わしてみたいという衝動に駆られた．そしてふと，フジコ.フジオのサラリーマン温泉のマンガがあったのを思い出し，そ

図9-7　スイスの北部の古都，サンクト・ガレンの町並．町全体が世界遺産になっている．

図9-8　打ち合わせ中のベロニカ博士，サンクトガレンにあるスイス化学研究所にて

のマンガを見せながら，カタコト英語で説明すると，ベロイカ博士は誠に楽しそうに笑った．

(4) モスクワのクロマトグラフィーの学者 V. ベェレツキィン (Berezkin) 教授を訪ねて

今回はツウェットの研究者として，第一人者であるモスクワの V. ベェレツキィン（Berezkin）教授の研究所を訪れ，彼の自宅にも招待されて，研究課題について打ち合わせた．

ベェレツキィン（Berezkin）教授はモスクワ大学で講義され現在は Petrochemical Labolatory で研究されている．クロマトグラフィー研究一筋に尽力されてこられた．特にガスクロマトグラフィーの権威であり，一昨年ロシア・アカデミーよりステライトプライズ賞を受けておられる．

今回の目的は，現在，ロシアのクロマトグラフィー研究の中核をなしている液体クロマトグラフィーの利用，活用の方向性の打ち合わせと，クロマトグラフィーの創始者ツウェットの研究に関する事であった．その打ち合わせを充実させるために，ベェレツキィン教授と何度ともなく e-mail や便りで打ち合わせの内容について意見を交換した．行き違いがあっては，遠路はるばるロシアまで訪問しても何もならないので，入念に意見を交換し合った．ご存じのように，ロシア国内での調査，研究は何かと面倒な事が多くて，難しい事が多い．それでもベェレツキィン教授は著者に暖かく接して下さり，打ち合わせの内容，項目もまとまりモスクワへ出かける事となった．

モスクワへの旅立ちは残暑の厳しい9月中旬であった．軽装で出発する予定であったが，「9月といえどもモスクワは思ったよりも寒い．朝夕は厳しい寒さがある」，「最近のモスクワの駅などは物騒な事も多いので一人歩きは慎む事」というメッセージを受け取り，いつの間にか私のボストンバッグは満員御礼となった．それと同時に前回のイタリア，スイスの研究打ち合わせとは違って，夜の一人歩きなどは厳禁だと心に誓った．著者は異国の町を一人ぶらりぶらりと歩くのを大きな楽しみとしているので，今回は少し寂しい気がした．

四国松山－東京－モスクワ－（アエロフロート）の旅で9時間半であった．

機内はなんの変哲もなく，二度のロシア風食事をし，居眠りをしていると，いつの間にか飛行機はモスクワ空港に到着した．何の具合か分からないが，入国チェックゲートに200人以上の入国者が待っていて，長時間並ぶことになってしまった（日本の空港ならゲートを素早く2つ，3つ増やして早く処理するのにと恨めしく思った）．長時間かかったにもかかわらず，著者を迎えにきてくれていたベェレツキィン教授のブレーンの運転手クシェエフは Dr. MATSUSHITA というカードを掲げて待っていてくれた．実はロシア，モスクワはここ数年経済的，あるいは治安的に不安定な時期に入っており，空港，駅周辺はかなり物騒だということをベェレツキィン教授も気にしていてくれたようで,『モスクワの空港であなたをキャッチしてみることにトライしてみる.』というメッセージを e-mail で出発の3，4日前にもらっていた．それで待ってもらっているとは思っていたが，これほどまでにゲートで遅れるとは思っていなっかたので，私を助手がキャッチしてくれるかどうか不安でたまらなかった．ボストンバッグのチャックを締める暇もないほど急いで到着口に出た．長く待たせたことと，待っていてくれたことに感謝して，彼の車へと向かった．彼クシェフはロシア語しか話さないので，私との会話はほんの少しであったが彼の車に乗るなり，ベェレツキィン教授からの私へのメッセージを彼から渡された．『ようこそ我々の国へ．Dr. I. Matushita を歓迎します』という簡単なものであったが，暖かいメッセージで心配りを感じた．

ほとんど一直線の広い道路をモスクワ市内のホテルへと突っ走った．40分そこそこで私の宿泊するホテルに着いた．彼は親切で重い荷物を2つとも持って，インフォーションに行き，さっさと私の部屋まで運んでくれた（私一人だと相当面倒であったことは間違いない！）．そして「朝8時に Prof. Berezkin が来る.」と言って手を振って帰っていった．時計を見ると，8時すぎに着くはずであったがもう11時を回っていた．

翌朝8時ちょうどにベェレツキィン教授が現れた．彼は白髪の紳士で，私にニッコリ笑って握手を交わしてくれた．手紙，メールでの長いやり取りでやっとモスクワに来れ，ベェレツキィン教授に逢えたので感無量であった．

しばらくしてこの4日間のスケジュールの確認をした後，モスクワの有名な美術館を巡ることになった．この後毎朝10時は美術館を訪れるということになった．それほど多くの美術館に行きたいわけではなかったが，何ヶ月か前に君の趣味は何かなという質問に，“絵を観ることも好きだ”と答えたことが要因だったのである（私の望みに答えようとしたものであるからありがたいことではあった）．

1日目の案内は彼の孫娘だった．彼女は英語学校に通っているとかで少しでも我々のコミュニケーションがスムーズに運ぶようにというはからいであった．彼女はベェレツキィン教授と大差があるほどの英会話の持ち主ではなかった．どこの国でも孫は可愛いようで，ベェレツキィン教授は遠くから来た研究者と孫のために大急がしであった（私のために毎朝美術書を1冊ずつ買ってきてくれた．その度に孫にも少々のものを買っていた）．

2日目はベェレツキィン教授の研究室でポストドクをしているブルガリアからのイレナ（Irine）博士の案内だった．彼女は素晴らしい英語を話す人であった．美術にも精通しているらしく，美術館内では詳しい説明をしてくれた．彼女はクロマトグラフィーを駆使して研究をしていたので，私の食品分析のためのクロマトグラフィーの研究にはとても興味を示してくれて，研究の話に花が咲いた（現在でもメールに度々コンタクトがあり，私の英論文をチェックしてくれることになっている）．彼女はベェレツキィン教授を心から尊敬しているようで，そのことを私に話してくれたが，二人のしぐさを遠くから眺めているとそのことがよく分かった．美術館巡りの午後は研究の打ち合わせのまとめをする時間にあてた．

3日目は一日中研究のディスカッションにあてることになった．場所は決めていなかったが，ホテルに迎えに来た時に「我が家でゆっくりやろう」と言うベェレツキィン教授の誘いで突然の招待ということになった．ベェレツキィン教授の自宅はモスクワ市内の緑が多い地域で静かなたたずまいにあった．その後クロマトグラフィーのディスカッションを始めた．ベェレツキィン教授はガスクロマトグラフィーの世界的なオーソリティーであるが，今回は私の要望に応えて，分取クロマトグラフィーの今後の研究動向と，私とベェレツキィン教授とで出版する『Tswett博士の論文集』を中心に論じた．特に，ツウェット博士が1903年頃のインスピレーションで行ったクロマトグラフィーの再現の価値を認め，その『追試験とそのデータ解析』を行うということが決まり，二人で思わず握手したのが印象的であった．その思わず握手した研究課題について述べる．

ベェレツキィン教授の言「近代的な HPLC は扱う人のために良い，すなわち，簡単な操作で効率良く分析できることを主目的にしている．それで，私は前から考えていたことがある．それは，ツウェット博士が当初試みたカラムクロマト法は，乾燥している充填材の上部に試料を添加する方法で，近代的な HPLC の液体状態とは違っていたということである．そこで，あなたにツウェット博士の当初のカラムクロマト法と現代の HPLC 法との比較を行ってもらいたい．すなわち分離性能（理論段数，分離度等）をち密に精度良く比較してもらいたい！　スイスのクロマト学者，V. メイヤーを私は尊重しているけれども，彼女の「ツウェット博士のカラムの検証」の論文では，上述のことが抜けていて，上述の比較研究は意義の高いものである」と．

それに対して私は，「確かにあなたがおっしゃるように，現代の HPLC は簡便で使いやすい装置の開発に的を絞り進んできた．日本のメーカーのみならず，世界的なメーカーも市場に受け入れやすいものを中心に開発してきたと考えられる．しかし，カラムは液体に浸した状態の方が，カラムの分離状態は良いのではないだろうか？　また，充填材の劣化など，変化に対しては乾燥すると狂ってしまうのではないだろうか？　吸着クロマトグラフィーだけにしぼって考えると，確かに乾燥状態の充填材に添加して分析を行う方が良いのかもしれない．しかし，分離状態が上がるとは思い難い．けれども一度熟考して，比較実験をしてみよう．私の友人でクロマト用の充填材を開発している者もいるので，相談して……」と，私の返事は歯切れのよいものではなかった．それは乾燥状態にカラムをするというのは，メーカーの技術者から慎むように念を押されていたことでもあったり，分離状態が上がる方法ではなくて，下がる方法ではないかと考えている所もあったので…….

実際の実験結果は意外な方向に我々の研究を導いた．それは，この基本的な実験の結果，新しいカテゴリーによる新クロマトグラフィーの開発ができたのである．すなわち，フィールド実験で試料から抽出する事なく，ダイレクトに分離できるクロマト技法の開発に，この結果が有用に働いたのである．

『ツウェット博士の論文集』については，ベェレツキィン教授が10年前に英国の学者，M. Massonと共同で出版している書物を，私と彼で再編集して日本語で出版するというものである．大方のディスカッションのまとめが仕上がった頃に，奥さんがコーヒーとクッキーを運んできた．奥さんは，ベェレツキィン教授と奥さんはモスクワ大学の同級生で同じ研究室に所属していたということ，そこで知り合って結婚したということなど話してくれた．ベェレツキィン教授は少し恥ずかしそうに聞いていた．奥さんもまた，若い頃に理化学の実験を通じて，クロマトグラフィーを使っていたのでクロマトへの理解は深いということだった．対談をした部屋にはベェレツキィン教授の肖像が飾ってあった．ロシア政府からステイドプライズ賞をもらっているのでそれを記念してのように思われる．あれやこれやでディスカッションの内容もまとまり，ブルガリアのイレナ博士に連絡を取り，きちんとした書面にする運びとなった．連絡した後2時間後には，私の目の前に素晴らしく整理された書面（ディスカッションのまとめ）が出来上がっていた．それが出来上がるまでの2時間を利用して，モスクワ大学をベェレツキィン教授と共に訪れた．彼の研究仲間数人と出会い，モスクワ大学の校庭をゆっくりと散策したのは忘れがたい．出会った研究者（教授）達は，ベェレツキィン教授を尊敬しているようで，そのような振る舞いをしていたのが好印象だった．

出来上がった美しい書面にサインをして，一部ずつを二人の鞄に収めた．現在，書面で約束した実験を誠実に行い，その結果をベェレツキィン教授に送っている．近い将来論文にする予定である．

4日目の朝，助手が7時30分ぴったりに迎えにきた．もの悲しい小雨の寒い朝であった．広い広い道路を一直線に空港へと走る．
助手が英語を話せないせいもあって，お互い会話が少ない．昨夜のベェレツキィン教授からの優しい別れの挨拶を思い出している間に，あっという間に空港に着いた．車から降りる際に，助手はロシアのみやげ物を私にくれたのである．思いがけないことだったので私は嬉しかった．

－今はもうモスクワは雪の中でしょう．ベェレツキィン教授は風邪を引いていないかなどと，『モスクワの夜は更けて』という昔のCDを聞きながら想うこの頃である－

図9-9　ツウェットに関する実験について打ち合わせ中のベェレツキィン教授．彼の自宅にて

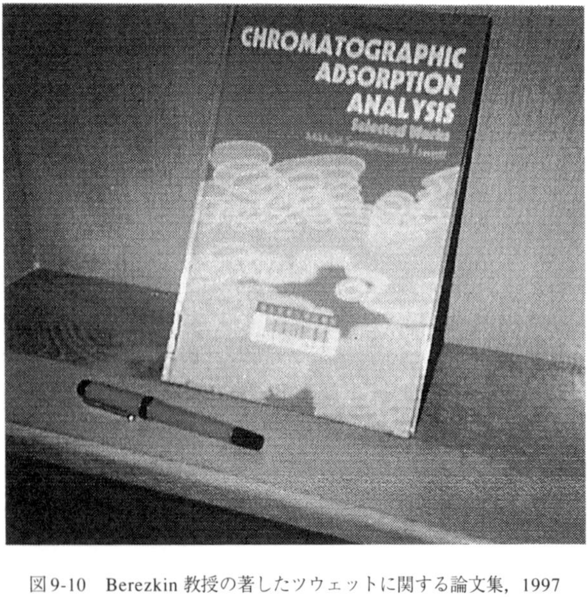

図9-10　Berezkin 教授の著したツウェットに関する論文集，1997年刊，著者写真．

図9-11　右よりベレツキン先生，イレネ博士，著者．モスクワにて．

(5) ポーランド，ルービン大学のE. ソビンツキイー教授訪問
ー大学町ルービンでツウェットの研究者としてクロマトグラフィーの研究を続けているー

ツウェット博士のクロマトグラフィーの共同研究をするために，モスクワのV. ベェレツキィン教授を訪ねたあと，モスクワ空港からワルシャワ空港へ旅立った．国際線とはいえ，小振りな旅客機で頼りなかった．タラップに立つと寒い北風が吹き，寒い一日であった．ワルシャワもかなり寒いだろうと思いをはせながら，2 時間足らず空路を走った．しかしワルシャワは 9 月の末なのに大層暖かかった．空港タクシーのおじさんと交渉をし，かなり安く目的のホテルまで短時間で走ることができた．ポーランド人は意外に日本人には優しい．

昼下がりに着いたので余裕があり，ワルシャワ大学通りの町並みを散策することができた．ルービンの町はこのワルシャワから列車で2時間の所にあるので明日の朝出発することにしていた．

ワルシャワ大学はツウェット博士が‘クロマトグラフィー’を発案，発見した場所なので，その場所と学者を訪れることは今回の大きな目的の一つでもあった．ワルシャワ大学通りのひとつ手前の停車場で降りて，登校あるいは下校している学生達に混じって大学の正門まで歩いた．正門は観光名所案内書にも出てくる有名な門であった．その門をくぐり，古めかしき通りを抜け，こじんまりしている事務所を訪れた．事務係りの人にツウェット博士の‘メモリアル・プレート’の事を話した．何人かの人に聞いても何もわからない風であったが，何かの拍子にあそこでは！ということになり，急ぎ足で古い学舎めがけて進んだ．そうしたら，壊れそうな学舎の横に‘ツウェット博士のメモリアル・プレート’があったのである．私は何度もその周り（庭園も含めて）を歩いて記念の写真を撮った．

事務所により，ルービン大学のソビンツキィー（E. Soczewinski）教授*[1] のことを念入りに聞き，明日の教授訪問に備えた．

ルービン大学訪問

霧が曇る朝早く，ワルシャワ中央駅に出かけた．切符売り場を探すのに手間取り，やっとルービン行き特急列車に乗り込んだ．約2時間の距離である．ポーランドの平原を列車は悠々と走る．多少遅れて，古風なルービン中央駅に着く．街中をトロリーバスで走り，ルービン大学へと向かった．町の中は大学町らしく，緑も多く学生も多い．ルービンの町には3つの大学とアカデミーが5つもあるという．かの有名なマリー・キューリー博士を記念してのマリー・キューリー大学もこのルービンの町の広い敷地にたたずんでいる．

ソビンツキィー教授の部屋はe-mailでの意見交換で詳しく教えられていたが，いざ探すとなると，大学の校舎はあちらこちらに点在していて，なかなか探すのが難しい．町を歩いている学生2人に尋ねた．2人は大変優しい学生で，わざわざソビンツキィー教授の部屋の前まで連れて行ってくれた．親切な若者もいるものである．部屋の向こうからソビンツキィー教授が歩いてきた．握手をし，部屋に案内された．私が訪れるということでソビンツキィー教授は机の上に，ツウェット博士に関するものと彼のクロマトグラフィーの今までの論文，エッセイなどを所狭しと置いてくれていた．それから彼はこの場所を訪れた世界の学者のノートを持っていて，日本からはあなたが2人目なので，ここにメモを記してもらいたいと言った．一人目の日本人の研究者は他の課題で訪れツウェット博士に関するものではないと，言っていた．

私の研究の説明をしたあと，彼の研究内容について話を聞いた．彼はヨーロッパを中心に多くのクロマトに関する論文，コメントを出していた．

その後，ツウェット博士のクロマトグラフィーに関していろいろと打ち合わせた．その中で，印象的だったことをまとめてみたい．

図9-12　ルービンの旧市街

①ツウェット博士はこの国，ポーランドのワルシャワ大学の植物園で「クロマトグラフィー」を発明・発見したのである（強調していた）.

②メモリープレートはそのワルシャワ大学の学舎に存在している．その時の決定内容の時に私も意見を述べ参画した.

③私はツウェット博士の短い生涯について，論文を4～5年前に出している.

④クロマトグラフィーの実験を続けているが，ツウェット博士に関する研究はK. サコディンスキーやL. S. エテレが広く深くやってきたのであれ以上は難しいと考える.

⑤アメリカの先生がクロマトグラフィーの百科事典のようなものを昨年出版している．その中に，私が書いた所もある．その中に分取クロマト（あなたの専門の）が何ページかにある.

話も終わりに近づいた頃，とてもファンタスティックな話が出てきた．その1つはサコディンスキーがイタリア，アスティーで講演した際の本（私がずっ

図9-13　ツウェットに関する打ち合わせをするE. ソビンツキィー教授と共に．かれの研究所にて.

と探していたツウェット博士の生涯の本『Tswett's study and life』）を書棚の奥から取り出してきた．そして彼は「あなたにこれをあげる」と言ってくれた．思いもよらないプレゼントを受けることになり，嬉しくてスキップしたくなってきた．

2つ目はクロマトグラフィーの話しをしながら，ルブリンの旧市街を案内してみようかという提案を受けたことである．二人で庭園を抜け，旧市街の入り口の門をくぐり抜け，中世の香り漂う細い道を散歩した．途中で学生に写真を写してもらったりしながら，ルブリンのシンボルであるお城を訪れた．その後，ルブリンの名産物のある古風な建物に入り，懐かしいものを見せてもらい，説明を受けた．そこで，教授から私に記念の物を買って頂いた．教授は心からルブリンを愛している感じであった．

旧市街と教授に別れを告げ，ルブリンの反対方向に，マリー・キューリー大学があるというので，夕刻の散歩がてら大学を訪れた．大学の近くの喫茶店でルブリンの教授のこと，ツウェット博士のことを思いながらコーヒーを飲んだ．

教授とは今でも便りの交換があり，ツウェット博士の科学史研究で相談に乗ってもらっている．

ツウェット博士のゆかりの土地をこの足で踏みしめ，今までのクロマトグラフィーの研究，実験を深く静かに考えることが出来，有意義な旅となった．ツウェット博士をこよなく慕い，研究をつづけている現役のクロマトグラフィーの学者と直接会って，ツウェット博士に関する話で花が咲いた時は，著者にとってかけがえのない嬉しい時間であった．

クロマトグラフィーの世界の学者との面談交渉は，少しの勇気はいるけれども，その結果の価値は大きいものであった（イタリア語，ドイツ語，ロシア語，ポーランド語の世界だったので言葉が交差することもあった）．

今回のツウェット研究遍歴の旅は著者にとって宝物となっている．

———*Note*———

＊1）ソビンツキィー教授はメモリープレート記念会の委員をしていた．ポーランドや世界のクロマトグラフィーの大家であった．訪問後，プレートに関する

文献調査で分かった.

コーヒータイム

Tswett メモリープレート

Tswett メモリープレートの存在を知ったのはワルシャワ大学の図書館との打ち合わせ中のことであった．もともと，メモリープレートについては，ロシアのサコディンスキーやアメリカのエテレの論文中に記してあったので，どこかにあることは分かっていた．その 1 つはツウェットが生まれたイタリアの古都アスティーにあるホテル・リアルに飾ってあるということ．もう 1 つはワルシャワ大学の校庭内にあるということであった．それで私はポーランドの大学の 2 人の研究者とコンタクトを持ちこのプレートの存在について，訪問する前から打ち合わせていた．モスクワから空路でワルシャワに入りワルシャワ大学を目指したのである．

ツウェットのクロマトグラフィーの発見に関して，どこの場所にその価値あるメモリーを置くかということが話題になった．その機運が高まったのは 1991～1993 年であった．そんな中，やはりクロマトグラフィーの発見・発明の論文がどこで書かれたかということが注目された．というのはイタリアで生まれスイスで学びロシアで研究し，ポーランドで教え・研究を続けたのでツウェット自身の活躍の場がいろんなところにあったことが，メモリープレートをどこにするかというときに問題になったのである．

1994 年 9 月 13 日ポーランドのワルシャワ大学でツウェットのメモリープレートの打ち合わせ会があり，その席上には私の友達である Prof. E. ソビンツキィーがツウェットの生涯と研究について，プレゼンテーションをした．この会議には他にも世界の有能なクロマトグラフィーの研究者が集まり討論し決定した．それでプレートに書く文章とそれを掲げる場所に関して次のように決まったのである．

MICHAEL TSWETT A COMMEMORATING PLATE AT UNIVERSITY OF WARSAW *1

On 13 September 1994, during the Jubilee Congress of Polish Chemical Society, a commemorating plate dedicated to M.S. Tswett, the inventor of chromatography was unveiled. The plate was located on the grounds of University of Warsaw in Krakowskie Przedmieście Street. M.S. Tswett worked in Warsaw (at first at University of Warsaw and next at Warsaw Technical University) during the years 1902–1915. At that time he showed the possibility of separating components of leaf extracts using liquid chromatography.

An idea of locating the plate was cast before the 8th Danube Symposium on Chromatography, which was held in Warsaw in 1991. The idea was realized only when the Senate of University of Warsaw had agreed to locate the plate on the wall of the Biology Building – called Main School Building – in which M.S.Tswett had worked as a botanist.

Prof. J. Minczewski, the President of Committee of Analytical Chemistry of the Polish Academy of Sciences, was the chairman of the event, as the Committee took over the initiative to sponsor the plate. Prof. E. Soczewiński presented some information about Tswett's life and activity. The plate was unveiled together by Prof. W. Siwiński and Prof. A.K. Wróblewski, the present and the former rectors of University of Warsaw. Chromatographers from all Polish chromatographic centres took part in this event. Among them was Prof. A. Waksmundzki, who is particularly meritorious for chromatography development in Poland. Profs. S. Rubel, J. Lipkowski and Z. Witkiewicz were particularly involved in originating the plate.

The plate bears the Polish inscription saying that:

In this building, in the years 1901–1908 Dr. Michael S. Tswett discovered chromatography – Polish Analytical Chemists.

W tych murach
w latach 1901–1908
Dr MICHAIŁ S. CWIET (TSWETT)
odkrył chromatografię

Polscy Chemicy Analitycy

そして現在の私の共同研究者，友人であるベェレツキィン教授が招待されて（翌年の 10 月）次のようなステートメントを記している．ここにその文章を載せておく．

Prof. K.I. Sakodynski, the President of Russian Chromatographic Society and the author of books about Tswett, as well as Prof. V.G. Berezkin, the eminent Russian chromatographist were invited to take part in the celebration, however they were not able to come to Warsaw for this celebration, but they came to Warsaw in next October. During their stay in Poland, University of Warsaw was awarded with Tswett Medal. The Russian coleagues presented the following written statements.

Prof. K.I. Sakodynski:

A chance and a necessity exist together. Chromatography invented in University of Warsaw is an additional and distinct example of that. Chromatography was nacessary for mankind and may be it was invented in Warsaw by chance. M.S. Tswett was chosen for inventing chromatography by chance because many scientists in Europe and in the United States, working in diffrent fields of science, were going to discover chromatography. Chromatography was necessary for Tswett in his work and it was the reason why he discovered chromatography not by chance.

Without chromatography progress in many branches of science would not be possible. Chromatography gives a new possibility of resolving different problems. It relies on separating a phenomenon into its parts, to comprehend the existing elementary acts and their mechanism, and next to go back to understand the whole phenomenon.

M.S. Tswett was a talented man, connecting the best features of Slavonic and Italian intellects. In his life difficulties and favourable circumstances were present. Undoubtedly in Tswett's successful work his staying in Warsaw with the inhabitants who loved freedom and with its intelectual atmosphere was very helpful.

On the grave of Tswett the following inscription is placed:

"He invented chromatography separating molecules but connecting people".

Using chromatography and utilizing its advantages we should be grateful to Tswett for his invention. Now in Warsaw there is a place, which every scientist should visit and express his gratitude.

Prof. V.G. Berezkin:

The development of science is a good example of people's unity and community. Scientists activity already created informal United Nations Organization many centuries ago. The role of a member of this informal organization depended only on the significance of his idea.

The creation of Russian scientist M.S. Tswett, who invented chromatography – a new glance of mankind, is a glaring example of interanational character of science.

M.S. Tswett – a son of a Russian father and an Italian mother, born in Italy, made his pioneering works in Warsaw, which is the town, where the most important method of investigation of mixtures and environmental pollutants was invented.

The commandment: "Respect your father and your mother" is well known. Undoubtedly chromatographers of the whole world are grateful to Polish scientists who intend to immortalize the memory of M.S. Tswett in Warsaw.

I think it would be useful to organize periodic chromatographic symposia by the Academies of Sciences of Poland and Russia. They should be connected with developing particular branches of chromatography. It is worth considering to take into account the significance of chromatography as an analytical method used in contemporary science in general and particularly in pollutants analysis, in industry and in medicine.

——*Note*——

*1）世界の言語であるギリシャ語ではクロマトグラフィーはどう書くのであろう．それは *Χρωματογραφια*，"ABOUT CHROMATOGRAPHY SERIOUSLY and WITH A SMILE" K. Sakodynskii 著より．

ツウェットメモリープレート．著者が 2001 年 9 月に訪れた時も静かなたたずまいであった（老朽化が進んでいる学舎である）

ツウェットメモリープレート

コーヒータイムとコーヒーハウス

“コーヒーハウス”は 17 世紀後半イギリスのロンドンで開かれたものである．多くのコーヒーハウスでは，文化・政治・経済・哲学が論じられ，自然科学についても論じられ，多くの新しい法則が生み出された．ボイルやニュートンも仲間として加わっていた．植物園等の発想もここで生まれた．この“コーヒーハウス”は上層男性階級のもので，これに対して，女性は“ティーパーティ”なるものを持っていた．普通の人々は“エールハウス”というものを持っていた．

第10章

ツウェット博士に関する研究論文

(1) Michel Tswett

著者　Charles Dhere (Freiburg university フランス. 1943年)

雑誌名—CANDOLLEA X, Novembre 23-44

解　説

ツウェット先生をこの世に送り出した（再発見）名著である. この論文によって, 世界の科学者はクロマトグラフィーの発案者, 創始者のツウェットを初めて知ることになった. ツウェットのすばらしさを認め, ロシアの学者3人とアメリカ学者, ハンガリーの学者とは個々に, ツウェットに関する研究を開始した. 日本でも, 概略翻訳書が東京大学の下郡山先生によって出され, 紹介された. 昭和23年の1月のことであった. CANDOLLEA誌は植物園の機関誌で, 私がジュネーブ大学の植物園にいった際に手にさわり, 見とどけた. その中に, ツウェットの愛用した黒い大きなカバンが27ページにうっすら写っていた.

書の内容は次のごとくである.

1. イントロダクションージュネーブ大学での博士号とツウェットに関して.
2. クロロフィルの分離について, aとbそしてカロチノイド.
3. クロマトグラフィーの分析法開発について.
4. ゼネラル　コンクルージョンーツウェットとノーベル化学賞.

(37ページにツウェットが草案したクロマトグラフの実験装置がのせられている).

(2) Michael Tswettのカラム　事実と推測

著者　V. R. MEYER（EPA Lab スイス　1983）

内　容

クロマトグラフィーの創始者であるM. ツウェットが用いたクロマトグラフィーに関して，詳細は不明な点が多い．$CaCO_3$／ベンゼンについて実験したところ，クロロフィルa/bの分離係数はおよそ1.6で，必要な理論段数は100以下でよいことが分かった．50μm粒子と2〜3 cmカラム長で十分であるが，過負荷および最適値より2桁以上速い流速により分離が不完全になったものと推定できる．

(3) クロマトグラフィー　20世紀の分離技術

著者　L. S. ETTRE（Yale Univ., アメリカ　1990）

内　容

ツウェットが1899〜1901年に植物のクロロフィル類の物理化学的な構造に関する研究を進めながら“クロマトグラフィー”の可能性を熟慮し，1903年に“吸着分析の新カテゴリーについて”報告した．クロマトグラフィーの誕生は，その後，今世紀の発展につながった．各10年ごとにその前のイノベーションに基づく新しいイノベーションがもたらされた．20世紀の終わりにはクロマトグラフィーは化学及び生化学において最も広く用いられる分離技術となり，誇張なしにクロマトグラフィーを20世紀の分離技術と呼ぶことができる．本論文ではクロマトグラフィーの各種技法の誕生について調べ，100年前の化学からキャピラリーエレクトロクロマトグラフィーまでを概観した．

(4) ツウェットの第一後継者，K，ゴットフリート

著者　H. H. BUSSEMAS（GIF大学　ドイツ　1984）

内　容

ツウェットのクロマトグラフィー法の発表後直ちにその原理を受け入れ，彼

の 2 つの基本論文出版の数週間後，植物性色素の適正なクロマトグラフィ--研究を行った K. Gottfried について述べている．彼の論文（Anatomical and Pigment－Analytical Investigation of Variegated Plant，多彩な植物についての構造及び色素分析研究）の内容を示した．

(5) M. S. ツウェットと 1918 年ノーベル化学賞

著者　L. S. ETTRE（Yale Univ., Connecticut, アメリカ　1996）

内　容

植物色素の分離において，クロマトグラフ現象を発見したロシアの植物学者ツウェットは標記化学賞の候補にノミネートされたが，受賞には至らなかった．1918 年当時のロシア科学界の状況，ノーベル賞選考の過程などについて記述し，論評した．またウィルシュテーターとの研究成果の比較についても論じられている．

(6) クロマトグラフィー初期の発展　C. デーレーの活動

著者　V. R. MEYER（Univ. Bern, スイス　1982）

内　容

Fribourg 大学（スイス）の教授であったデーレー（Charles Dhere　1876～1955）は，クロマトグラフィーの重要性を認識したヨーロッパでの最初の人物であった．彼は，学生であったロゴウスキー（W. Rogowski）と G. Vegezzi と共同し，クロロフィル様及びカロテノイド様色素の多数存在に関するツウェットの過程の正しさを証明し，クロマトグラフィーがその当時受け入れられていたどんな方法よりも純粋な物質を調整できることを明らかにし，更に，動物性化学へのクロマトグラフィーの使用を展開した．彼はまた，クロマトグラフィーの発明者であるツウェットの生涯と活動について，初めて信頼できる討論を提供した．

(7) M. S. ツウェットのジョン，ブリクエットとの交流

J. Briquet によるツウェットの Ph. D. 論文の批評とシンポロポールからのツウェットの手紙

著者　HAIS I M, NIANG M（Charles Univ., ハンガリー）and L. S. ETTRE（アメリカ）1997.

内　容

クロマトグラフィーの創始者であるツウェットの生誕125年を記念しての論文であり，標記事項を扱っている．P. ブリケットはツウェットの博士論文のアドバイザーでありジェノバ植物園の園長であった．2人の文通を通してツウェットの生活，活動に関する興味ある情報を知ることが出来る．博士論文に対する批評とともに1896年2人が交わした手紙が引用掲載されている．

(8) クロマトグラフィーにおける一里塚

液体クロマトグラフィーとマンハッタン計画

著者　L. S. ETTRE（Yale Univ., Eugene, アメリカ）

内　容

マンハッタン計画の一環として第二次世界大戦中から戦後にかけて Oak Rideg 国立研究所や Iowa 州立大学などで実施されたイオン交換クロマトグラフィーによる希土類元素の分離についてまとめた．実験室，パイロットプラントおよび工業規模での希土類元素の分離について述べた．これらの研究は工業及び科学分野におけるクロマトグラフィーの用途を拡大し,その発展に大きく寄与した.

(9) Theodor Lippmaa　忘れ去られたクロマトグラフィー

著者　L. S. ETTRE（Perkin-Elmer CORP., アメリカ）

内　容

20 世紀のはじめエストニアの植物学者であったリポマー（Lippmaa）のク

ロマトグラフィー（I）における貢献についてまとめた．1906年のツウェットの歴史的研究はカロチノイドの分離に関するもので4種のキサントフィル類の単離を行ったものであったが，当時の化学者の多くは彼の開発した方法を信頼せず長い間無視に近い状態であった．そのような状況の中でリポマーは，1924～1926年にかけてロドキサンチンに関する研究を行い，クロマトグラフィーを用いてこの化合物を単離した．そのことによってツウェットの方法が非常に信頼性の高いものであることを示し，ハイデルベルグの研究者たちにクロマトグラフィーを化学界に再認識させた研究へと続けるものであった．つづけてリポマーの小伝を併せて載せてある

(10)　M. S. ツウェットとクロマトグラフィーの発見II

クロマトグラフィー開発の完成

著者　L. S. ETTRE（Yale Univ., アメリカ）

内　容

クロマトグラフィー開発に関するM. S. ツウェットの活動について議論．1903年以降，ワルシャワにおける活動を詳細に記述．1906年に発表した論文と1910年に出版した著書「Chromophylls in the Plant and Animal World」において，植物色素の調査とクロマトグラフィーの開発に関するすべての研究活動が要約されている．ツウェットが用いた30 mmのカラム，溶媒リザーバ，減圧フラスコなどから構成．緑葉からの色素抽出物の詳細な分離例と吸収特性を示した．ツウェットのクロマト法の評価，現在のクロマト方との関連についても言及した．

(11)　THE LIFE AND SCIENTIFIC WORKS OF MICHAL TSWETT

著者　K. SAKODYNSKII

（Tswett研究所，ロシア　1972）

解　説

ツウェットの本格的伝記もの．写真が数多く，研究論文とはいい難い面もあ

るが，ツウェットがいなければ，「Jounal of Chromatography」も存在しないので，ツウェットに関する新しい知見は全て論文になる．実は 1970 年に，この論文の走りのような論文を出していた．その論文に勢いづき，深く丁寧に調べた感がある．

内容は　① イントロダクション　② 伝記的なもの　③ M. S. ツウェットによるクロマトグラフィーの研究　④ 結論

(12) NEW DATA ON M. S. TSWETT. LIFE AND WORK

著者　K. SAKODYNSKII（Tswett 研究所，ロシア　1996）

解　説

1972 年の論文で好評を得て，ツウェット研究の第一人者となったサコディンスキーは，9 年間の成果として本論文を追加し，論文として提出したものである．

内容は　①イントロダクション　②追加した伝記的なもの　③クラペイラからの便り　④ツウェットの病気　⑤ツウェットの同時代の評価　⑥結論

新しい写真が 20 枚以上増えている．よく集めたものであるが，ツウェット自身もかなり写真に興味を持っていたものと考えられる．ツウェットの 1 歳半の時（1873 年）の写真がのっているのは驚きである．それから，写真を提供してくれたツウェットの姪と著者本人が写っているものものせている．K. サコディンスキーは 1997 年 6 月に亡くなっている．

(13) 今はもういない人一M. S. Tswett

著者　L. S. ETTRE（エール大学，アメリカ　1975）

書名　75 Years of Chromatography a histirical dialogue

解　説

75 Years of Chromatography a histirical dialogue の巻末に付録的存在でのせてあるツウェットの生涯に関する論文である．その内容たるや誠に簡潔に肝心な論点が述べてあり，優れたツウェット案内書と言える．

ツウェットをクロマトグラフィーの創始者と位置づけ，彼の学生時代からロシアでの苦労，活躍するまでを丁寧に記してある．彼のクロマトグラフィーの発案を良しとしなかった人々との関係に焦点を当てた論説が中心的役割を果たしている．例えば，H. モーリッシュとの論争（海藻の抽出物の色素に関して），ドイツの教皇と言われていたウィルシュテーターとの研究論争．

このウィルシュテーターは1915年のノーベル化学賞を受賞したが，この葉緑素の研究はツウェットの発案を正しいと証明しただけのものであったと断言している．最後にP. カーラー（1937年のノーベル化学賞を受賞者）のツウェット賞賛の言を載せて締めくくりとしている．

"他のどんな発見も，ツウェットのクロマトグラフ吸着分析ほど，バイオケミストリーの研究分野を広げ影響を与えるものはないであろう"

(14) MICHAL TSWETT—Life and Work

著者　K. SAKODYNSKII（Kaupov Institute of chemistry　ロシア
イタリアで出版された書籍　1981）ミラノ

解　説

1980年当時，ツウェット研究の第一人者であったK. サコディンスキーがツウェットの生まれた町，イタリアのアスティで講演したものをまとめたものである．内容は1970年，1972年と1981年のサコディンスキーの論文を中心に少しずつ加筆し，レイアウトも組み直した労作で，ツウェットの写真をセピア色に仕上げ，雰囲気をかもし出している．

また，ロシアのもう一人のツウェット研究のE. センチョコバの論文はよくないと解説している．結論の説明においては，ズラトキス（A. Zlatkis）らの先導により，"MS Tswett Gold Medal"の設立がなされて，今日まで発展していることなどが記されてある．ツウェットに関するサコディンスキーの集大成となっている．

終わりに

私の憧れの書（ツウェット博士）を（株）恒星社厚生閣様のおかげでこの世に出すことが出来て幸せであります．

ここ数年，毎夜の私のコーヒータイムがツウェットタイムとなりました．

ツウェット博士の研究，論文，生涯（人柄を含めて）を調べていくうちに，ツウェット博士の魅力，すばらしさにひかれ，前へ前へと進んだように思います．その断片を小冊子にまとめて，分取クロマトグラフィー研究会の教材として用いてきました．今回，その数篇をまとめて，書籍に仕上げる事ができました．本書の筆が進むにつれて，ツウェット先生に後押しされているような日々であった気がします．

この書を仕上げていく過程で様々なことが起こりましたが，今は感謝したい人々のことが私の心に強く残っています．その人たちに感謝の気持ちを表して，終わりにしたいと思います．

モスクワの V. ベェレツキイン教授にはツウェット博士の小伝，論文の内容について富みある示唆を何度か受け大いに参考になりました．

ポーランドの E. ソビンスキー教授にはツウェット博士の貴重な文献を送って頂き大変助かりました．感謝します．

また，会社を辞して大学で教鞭をとるまでの数ヶ月，小さな実験室と机を貸してくれた長兄に感謝します．

それから文書整理を手伝ってくれた妻と娘にも感謝します．

最後に，根気強く協力的に私と付き合ってくれた恒星社厚生閣の小浴正博氏に感謝したいと思います．

松下　至

参考文献

M. S. Tswett : Arb. der Naturf. Gessellschaft Warschan X1V, Jahrg（1903）

K. I. Sakodynskii : *J. chromatography*, 49-2（1970）

V. G. Berezkin : Chromatographic Book of Tswett's paper. Ellis Horwood（1991）

C. H. Dhere : *Candollea*, 10, 23, 73（1943）

K. I. Sakodynskii : *J. chromatography*, 73, 303～360（1972）

D. Day : Ind. Teck. Pet. Rev., 3, Suppl. 9（1900）

L. S. Ettre : *Chromatographia*, 3, 534（1970）

H. Purnell : Ga s chromatography. Wiley. P.3 New York（1968）

下郡山正巳：化学の領域，3，91（1949）

吉野論吉，他：化学の原点，6，7，149～167（1988）

L. S. Ettre : *Jounal of chromatogra*, 535, 3～12（1990）

I. M. Hais, M. Niong and L. S. Ettre : *Chromatographia*, Vol 44, 9～10（1997）

K. I. Sakodynskii : Michael Tswett-Carlo Erba（1982）

V. R. Meyer : *Jounal of chromatography*, 600, 3-15（1992）

P. Jossang : *Nature*, 356, 12（1992）

K. Sakodynskii and K. Chmutov : *chromatographia*, 5（1972）

H. H. Strain and J. Sherma : *Jounal of chemical education*, 4, 238（1967）

Eva Smolkova : J. High resol. *Chromatogra*, 23, 497～501（2000）

W. Lanouette : The Old Couple and the Bomb, *Scientific American*, November 2000

L. S. Ettre and A. Z. latkis : 15years of chromatography.（1979）

E. Soczewinski : *Chem. Anal*, 39, 105（1994）

L. S. Ettre : *Chromatographia*, 5 (42), 6 (1996)

B. A. Bildingneyer : Preparative Liquid Chromatography. Elservier（1987）

I. M. HAIS : *Jounal chromatography*, 488, 25～30（1989）

E. Heftman : Symposium Volumes（*Jounal chromatography*), 450, 1～19（1988）

松下至：研究者のための液体クロマトグラフィーの数的取り扱い，*New Food Industry*, 8 (137),（1995）

著者のクロマトグラフィー関連書籍

分取クロマトグラフィーの技術の展開　アグネ承風社（1990年）

液体クロマトグラフィーの100のテクニック　技報堂出版（1995年）

クロマトグラフィーの原理，図解集　分取クロマト研究会編（1997年）

液体クロマトグラフィー問題集　四国分取クロマトグラフィー研究会編（1996年）

液体クロマトグラフィーQ&A 100　技報堂出版（2000年）

液体クロマトグラフィーの数的取扱い　分取クロマト研究会編（2001年）

ツウェット博士の思い出（1）　分取クロマト研究会編（2001年）

化学のプロムナード　アグリ出版（2002年）

液体クロマトグラフィーの基礎技術講座集　ケミカルエンジニヤリング(1～10集)(2002年)

ツウェット博士の思い出（2）　分取クロマト研究会編（2002年）

クロマトグラファー世界の旅集　ニューフードインダストリー，食の化学(1994～2002年)

天然有用成分の分画分取　技報堂出版（近刊）

人名・地名索引

あ行

か行

さ行

た行

は行

ま行

や行

ら行

わ行

事項索引

あ行

か行

さ行

た行

な行

は行

ま行

や行

ら行

わ行

松下　至（まつした　いたる）
1949 年　愛媛県久方町二名に生まれる
1973 年　岡山理科大学理学部化学科卒業
　　　　大同薬品工業（株）研究室入社
1982 年　ヤマキ（株）研究室入社
1995 年　愛媛大学大学院工学部物質工学科博士課程修了．工学博士
　　　　愛媛大学教育学部非常勤講師
1997 年　愛媛県立大洲農業高等学校特別講師
1999 年　岡山理科大学非常勤講師
現　在　岡山学院大学食物栄養学科助教授

1993 年　　農水省技術研究会実行委員，副団長，パスツール研究所にて発表。
1997 年11月　スウェーデン農科学大学，エボラ大学食品学科にて講義（研究者交流）
1998 年11月　ワーゲニンゲン大学（オランダ）にて講義（研究者交流）

クロマトグラフィーの創始者
M. S. ツウェットの生涯（しょうがい）と業績（ぎょうせき）

2002 年 8 月 1 日　初版発行

著　　者　松下（まつした）　至（いたる）
発 行 者　佐竹　久男
発 行 所　恒星社厚生閣

〒160-0008　東京都新宿区三栄町8
TEL 03-3359-7371 FAX 03-3359-7375
http:/www.kouseisha.com/
組　版　恒星社厚生閣 制作部
印　刷　（株）シナノ
製　本　協栄製本

定価はカバーに表示

ISBN4-7699-0969-1 C1040